Zauberhafte Optik

W0299308

1 Die gespiegelte Schlangenlinie

Stelle in der nebenstehenden Grafik auf die gestrichelte Linie aufrecht einen Taschenspiegel.
Bitte dann jemanden anderen, ein Blatt Papier so über die Schlangenlinie zu halten, dass du diese nicht mehr direkt sehen kannst, sondern nur noch ihr Bild im Spiegel.
Versuche die Linie dann mit einem Stift nachzuzeichnen, wobei du nur die Bewegung des Stiftes im Spiegel beobachten darfst.

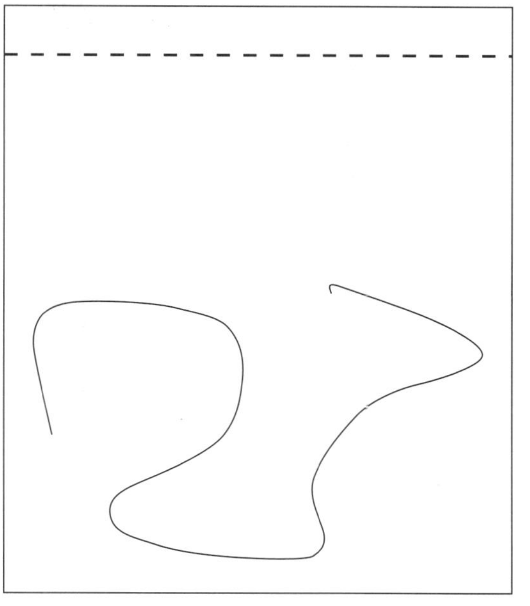

a Vergleiche die Richtungen, in die sich der reale Stift und der Stift im Spiegel bewegen:

Wenn der Stift nach rechts bewegt wird, so bewegt sich sein Spiegelbild nach ____________.

Wenn du den Stift von dir weg bewegst, so bewegt sich sein Spiegelbild ____________.

Wenn du den Stift nach oben abhebst, so bewegt sich sein Spiegelbild ____________.

b Zeichne neben die Linie einen Pfeil, der nach rechts zeigt, und einen Pfeil, der auf dich zeigt.
Beschreibe die Richtungen, in die die Spiegelbilder der beiden Pfeile zeigen:

Das Spiegelbild des Pfeils, der nach rechts weist, zeigt ____________.

Das Spiegelbild des Pfeils, der auf dich zu weist, zeigt ____________.

c Male dir auf die Innenfläche deiner rechten Hand einen roten Punkt. Stelle dich vor einen Spiegel und hebe deine rechte Hand. Beschreibe, an welcher Hand dein Spiegelbild einen roten Punkt hat und wo sich diese Hand im Spiegel befindet.
Erkläre, warum deine Beobachtung dazu führt, dass viele Menschen denken, dass beim Spiegelbild „rechts“ und „links“ vertauscht wird.

Beschreibung: ____

____

Erklärung: ____

____

____

____

2 Spiegelei

a Beschreibe, was an dem linken Foto so verblüffend ist, und erkläre den Effekt.

Effekt: ____

Erklärung: ____

____

____

b Beschreibe, was geschieht, wenn die Person mit ihren Schultern nicht senkrecht zum Spiegel steht, sondern parallel (also so, wie man normalerweise vor einem Spiegel steht).

____

____

c Stelle einen kleinen ebenen Spiegel senkrecht auf die gestrichelte Trennlinie und sieh dir das dadurch entstehende Spiegelbild vom linken Foto an. Ergänze anschließend in dem hier schwach angedeuteten Spiegelbild-Foto rechts die beiden Wörter.

d Dir ist sicher aufgefallen, dass das Spiegelbild des Spiegelbilds des Wortes „Hate" wieder wie das Original aussieht. Erkläre dies.

____

____

e Probiere auch einmal Folgendes aus: Nimm in beide Hände jeweils einen Bleistift, konzentriere dich auf deinen üblichen(!) Schreibarm und schreibe ein Wort in deiner normalen Schreibschrift zügig gleichzeitig und – das ist wichtig – ohne zu überlegen auf die beiden Linien unten. Rechtshänder beginnen an den Positionen, die mit dem „R" markiert sind, Linkshänder beim „L".

______________________ ¦ ______________________

L R ¦ R L

Betrachte dann das rückwärts geschriebene Wort in einem Spiegel, den du auf die gestrichelte Linie stellst. Was stellst du fest?

____

____

3 Reflektoren

Reflektoren am Fahrrad oder an der Kleidung sind so konstruiert, dass möglichst viel Licht in die Richtung reflektiert wird, aus der es ausgesandt wurde.

a Begründe, warum ein normaler ebener Spiegel hierzu nicht geeignet ist.

____

____

b Beim genauen Betrachten eines Reflektors (siehe Bild 1–3 auf der Farbtafel in Heftmitte) sieht man, dass die Oberfläche aus kleinen dreieckigen Vertiefungen besteht, die dafür sorgen, dass das Licht immer in die Richtung zurück geworfen wird, aus der es gekommen ist. Dieses Phänomen soll zunächst mit nur zwei reflektierenden Ebenen in der Papierebene untersucht werden.

Konstruiere den Verlauf der Strahlen, die auf den in Bild 1 gezeichneten 90°-Winkelspiegel einfallen. Beschreibe den Verlauf der Strahlen nach zweimaliger Reflexion.

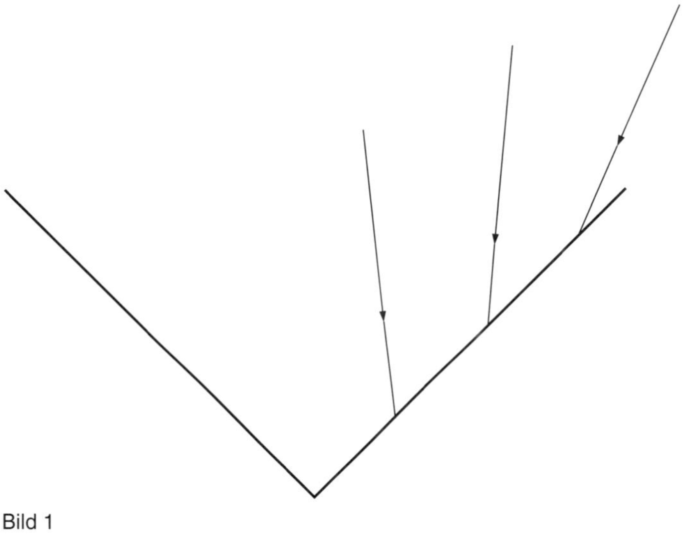

Bild 1

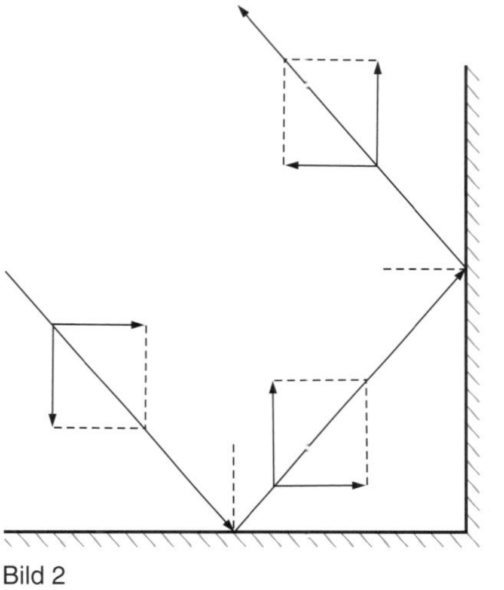

Bild 2

Beschreibung: ______________________________

____

____

Die Zeichnung in Bild 2 erklärt auf eine etwas andere Art und Weise, warum nach der zweimaligen Reflexion an einem 90°-Winkelspiegel das Licht in die Ausgangsrichtung zurück geworfen wird. Vervollständige die folgende Erklärung und zeichne die angesprochenen „Komponenten" jeweils farbig ein:

Trifft ein Lichtstrahl auf den unteren der beiden Spiegel, wird seine Komponente, die ______________ auf den Spiegel trifft, umgedreht, die andere, die ______________ zum Spiegel ankommt, bleibt unbeeinflusst. Bei der zweiten Reflexion ist diese andere Komponente diejenige, die jetzt ______________ wird, während die erste die Richtung beibehält. Daher kehren sich insgesamt beide Komponenten um, sodass der Lichtstrahl, seitlich ______________ zum ankommenden Strahl versetzt, in die ursprüngliche Richtung zurückgeworfen wird.

c Begründe (ergänzend zur Erklärung in Teilaufgabe b), warum man bei den Reflektoren noch einen dritten Spiegel braucht, der senkrecht zu den ersten beiden angeordnet ist. Ein solcher Spiegel heißt „Tripelspiegel“.

4 Das Spiegellabyrinth – ein begehbares Kaleidoskop

a Vielleicht hattest du schon einmal die Gelegenheit, in ein „begehbares Kaleidoskop“ hinein zu gehen. Es besteht zumeist aus drei innen verspiegelten Wänden in Form eines gleichseitigen Dreiecks. Die nachstehende Konstruktion zeigt dir eine von nahezu unerschöpflich vielen optischen Besonderheiten eines solchen verspiegelten Raumes: Für zwei verschiedene Positionen einer Taschenlampe zeigen die Bilder 1 und 2, wie das Licht, das jeweils zunächst gegen die rechte der drei Wände gerichtet wird, im Weiteren verläuft.

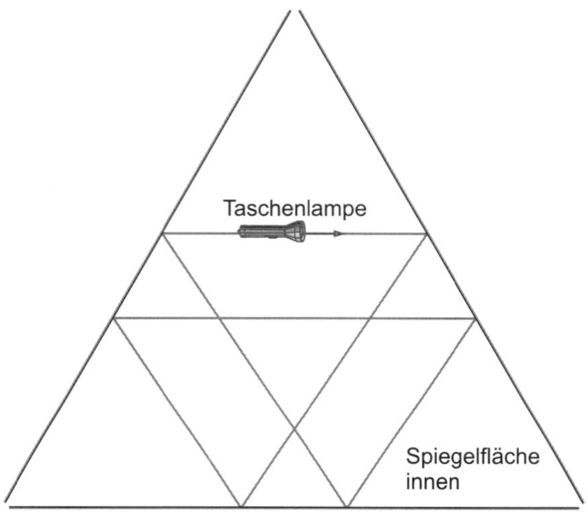

Bild 1

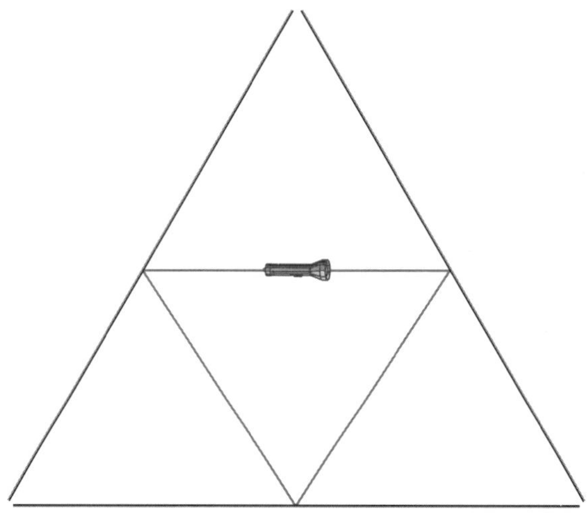
Bild 2

Die Lampe wird nacheinander in die drei rechts gezeigten Positionen gebracht. Sie sendet ihr Licht nach wie vor genau nach rechts aus.
Konstruiere in Bild 3 den jeweiligen Strahlenverlauf mit unterschiedlichen Farben.
Vergleiche die drei Lichtwege.

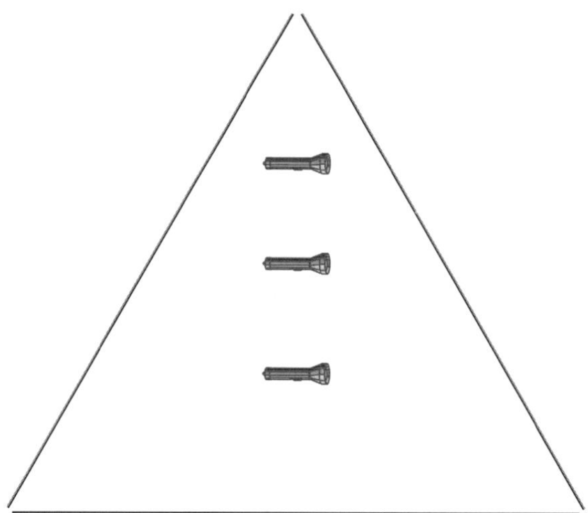
Bild 3

b In einer bestimmten Position der Taschenlampe gelingt es (siehe Bild 2), dass ihr Licht bereits nach nur dreimaliger Reflexion genau von hinten auf die Taschenlampe trifft. Nimm an, du befändest dich an dieser Position und schautest in die Richtung des Lichts der Taschenlampe, also nach rechts – was siehst du?

c Wenn du dich nun aus dieser Position ein wenig in Strahlrichtung (in der Zeichnung nach rechts) bewegst, wie bewegt sich dann dein Spiegelbild?

d Kennt man begehbare Kaleidoskope hauptsächlich erst seit einigen Jahren aus den Science Centern, haben ähnlich wirkende „Spiegellabyrinthe“ die Menschen schon seit langem fasziniert. Eines der wohl schönsten Spiegellabyrinthe gibt es in Luzern, einen Link zu der Homepage mit vielen Fotos findest du auf Link-Seite der Stark-Homepage.

Unter den vielen sichtbaren Löwenskulpturen des Löwenbrunnens sind die meisten nur virtuell. Gib an, wie viele reale Löwenskulpturen im Luzerner Spiegellabyrinth tatsächlich für den Brunnen benötigt wurden.

Löwenbrunnen im Spiegellabyrinth des „Gletschergartens“ in Luzern

Gib den Winkel an, unter dem man die beiden angrenzenden Spiegelwände zueinander gebaut hat.

Wenn du zwei ebene Spiegel zur Verfügung hast, kannst du damit deine Überlegungen schnell überprüfen. Verändere dabei den Winkel zwischen den Spiegelflächen langsam und beschreibe, was geschieht, wenn dieser Winkel immer kleiner wird.

5 Das Erscheinen einer Münze

Folgenden Versuch kannst du mit einfachsten Mitteln zu Hause ausführen: Lege eine Münze in eine auf dem Tisch stehende leere Tasse, setze dich so vor den Tisch und sieh so auf die Tasse, dass du die Münze gerade nicht am Boden der Tasse liegen siehst. Gieße dann langsam Wasser in die Tasse. Beschreibe deine Beobachtung, während die Tasse mit Wasser gefüllt wird.

Video 1

Das Video *Erscheinende Münze* zeigt dir, wie es geht (siehe Link-Seite der Stark-Homepage).

6 Das Verschwinden eines Glasstabes

Lege bzw. stelle einen Glasstab oder ein Glasröhrchen in ein leeres Trinkglas und fülle das Trinkglas anschließend langsam mit normalem Speiseöl. Betrachte dabei den Glasstab bzw. das Glasröhrchen. Du kannst dieses „Zauber"-Experiment auch durchführen, indem du ein kleineres mit Speiseöl gefülltes Glas in ein größeres Glas, das das gleiche Öl enthält, eintauchst.

Ein Glasröhrchen in Speiseöl

Beschreibe deine Beobachtung und vergleiche mit dem Foto rechts.

Video 2
Video 3

Die Videos
- *Öl – Eingießen in Glas* und
- *Öl – Stab hinein und heraus*

zeigen, dass hier alles mit rechten Dingen zugeht. Erkläre das Phänomen.

Video 4

Sieh dir das Video *Öl – Glasröhrchen* an. Beschreibe den Unterschied zu den Videos 2 und 3 und erläutere, wie der Experimentator vorgegangen ist, um diesen Effekt zu erzielen.

7 Teste dich!

Welche der folgenden Aussagen sind richtig, welche falsch?

		richtig	falsch
a	Beim Spiegelbild werden „oben" und „unten" vertauscht.	☐	☐
b	Bei der Reflexion von Licht an glatten, ebenen Flächen ist der Reflexionswinkel genauso groß wie der Einfallswinkel.	☐	☐
c	Der Reflexionswinkel gibt den Winkel zwischen reflektierten Lichtstrahl und Spiegel an.	☐	☐
d	Beim Übergang von einem optischen dünneren zu einem optisch dichteren Medium wird ein Lichtstrahl zum Einfallslot hin gebrochen.	☐	☐
e	Totalreflexion kann nur beim Übergang von einem optisch dünneren in einen optisch dichteren Stoff stattfinden.	☐	☐
f	Lichtstrahlen werden am 90°-Winkelspiegel in die gleiche Richtung reflektiert, aus der sie kommen.	☐	☐

Korrigiere die falschen Aussagen:

____

____

____

____

Kleine Lichtspiele auf der Erde und am Himmel

1 Wenn die Sonne auf- und untergeht

Viele Menschen empfinden den Sonnenauf- und den Sonnenuntergang am Meer als ein besonderes Erlebnis. Die Bilder 4 und 5 auf der Farbtafel in Heftmitte zeigen dir einen Sonnenuntergang an der Nordsee und einen Sonnenaufgang am Mittelmeer.
Beim Beobachten der Sonnenscheibe stellt man leicht fest, dass diese gar nicht kreisrund erscheint, sondern vielmehr deutlich breiter als hoch, häufig sieht man sogar „Eindellungen“. Miss den Durchmesser der Sonne auf beiden Fotos in der Horizontalen und in der Vertikalen und erkläre dieses Phänomen.

Ort / **Durchmesser**	Norderney (Bild 4)	Mittelmeer (Bild 5)
horizontal		
vertikal		

Erklärung: ______________________________

____

____

____

2 Warum erscheint uns die Sonne beim Untergehen so groß?

Bestimmt ist dir schon mal aufgefallen, dass die Abendsonne beim Untergang viel größer zu sein scheint als zur Mittagszeit. Das gleiche Phänomen kannst du auch beim Mond beobachten, der in der Nähe des Horizonts auch viel größer erscheint als hoch am Himmel.

a Wenn in Deutschland die Sonne untergeht, ist in Teilen der USA Mittagszeit. Begründe damit, dass es sich bei der oben beschriebenen Beobachtung um eine optische Täuschung handeln muss.

____

____

____

b Damit die Beobachtung erklärt werden kann, muss man verstehen, warum gleich große Gegenstände in verschiedenen Entfernungen unterschiedlich groß aussehen. Hier spielt der **Sehwinkel** eine entscheidende Rolle. Recherchiere im Internet nach Informationen über den Sehwinkel und fülle dann den nachfolgenden Lückentext mit den gegebenen Begriffen aus.

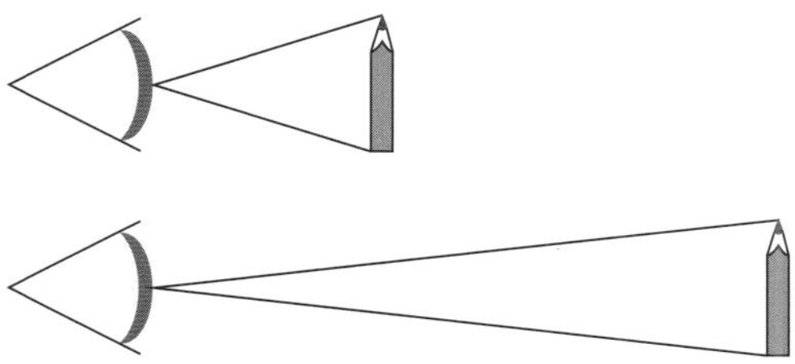

Bild 1

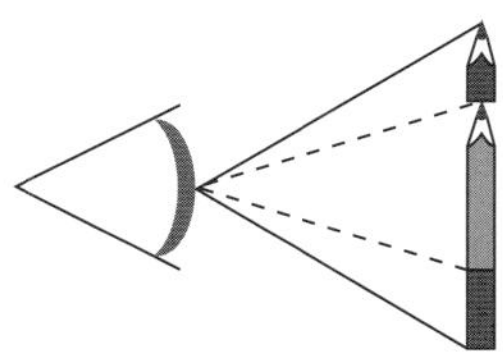

Bild 2

Auge – Entfernung – gleicher – große – Größe – Größe – großer – größerer – kleinen – kleiner – kleineren

Der Sehwinkel hängt von der ______________________ und der ______________ des Gegenstands zum __________ ab. In Bild 1 sieht man, dass ein gleich großer Gegenstand bei ________________ Entfernung unter einem __________________ Winkel wahrgenommen wird als der nicht so weit entfernte Gegenstand. Bild 2 zeigt, dass ein ________________ Gegenstand bei ________________ Entfernung unter einem kleineren Sehwinkel wahrgenommen wird als ein __________________ Gegenstand.

Im Alltag hilft uns unsere Erfahrung, die Größe vieler Gegenstände richtig einzuschätzen. Nehmen wir einen bekannten großen Gegenstand unter einem __________________ Sehwinkel wahr, so schließen wir automatisch auf eine _____________ Entfernung. Sehen wir etwas in bekannter Entfernung, die wir aufgrund von anderen Marken in der Landschaft abschätzen können, so können wir aufgrund des Sehwinkels die ______________ des Gegenstands abschätzen.

c Untersuchungen haben gezeigt, dass Menschen den Horizont als viel weiter entfernt wahrnehmen als den Zenit. Begründe:

- Warum wird die Sonne (bzw. der Mond) am Zenit und am Horizont unter demselben Sehwinkel gemessen (abgesehen von dem in Aufgabe 1 angesprochenen Phänomen)?
- Warum scheint die Sonne am Horizont trotzdem größer zu sein?

____

____

____

____

____

____

____

d Die abgebildete optische Täuschung zeigt ein ähnliches Phänomen. Gib zunächst ohne zu messen an, welcher Mann am größten ist, und überprüfe dann dein Ergebnis. Erkläre diese Täuschung.

____

____

____

____

____

____

3 Der Regenbogen – ein kontinuierliches Spektrum

a Der Regenbogen ist ein häufig zu beobachtendes Naturphänomen. Seine Entstehung und typische Eigenschaften werden durch die Simulation „Rainbow“ erklärt. Du kannst dieses Programm von der Link-Seite der Stark-Homepage herunterladen.

Beantworte mithilfe der entsprechenden Teilprogramme folgende Fragen:

Programmteil „Strahlengang“: Erkläre, was mit dem roten Lichtstrahl beim Auftreten auf die Oberfläche des Wassertropfens, an der Rückseite des Wassertropfens und beim letzten Auftreffen auf die Grenzfläche zwischen Wasser und Luft passiert. Erkläre, warum man den Regenbogen nur sieht, wenn man die Sonne im Rücken hat.

Programmteil „Spektralzerlegung“: Begründe, warum das weiße Sonnenlicht beim Regenbogen in die Spektralfarben zerlegt wird.

Programmteil „Regenbogenwinkel“: Lies den Text unter „Info“ und erkläre, was man unter dem Regenbogenwinkel versteht. Unter „Parameter/Wellenlänge“ kannst du die Farbe des Lichts verändern; Werte von 400 bis 700 sind möglich (Einheit: Nanometer).
Bestimme den Regenbogenwinkel für die in der Tabelle angegebenen Farben (Achtung: Der Winkel wird in Grad (°) und Bogenminuten (') angegeben, 60' ergeben 1°).

Farbe	blau	grün	gelb	orange	rot
Winkel					

Programmteil „Bogen“: Erkläre, warum der Regenbogen immer gekrümmt ist.

b Bei sehr guten Bedingungen kann man nicht nur den Hauptregenbogen beobachten, sondern auch noch den Nebenregenbogen weiter außen (siehe Bild 6 auf der Farbtafel in Heftmitte).
Zeichne in der folgenden Ausschnittsvergrößerung die Hauptfarben zu beiden Regenbögen in richtiger Reihenfolge ein:

Notiere, unter welchen Bedingungen der Nebenregenbogen sichtbar wird und wie er zustande kommt.
Hinweis: Das Programm „Rainbow“ kann dir auch hier helfen, wenn du den Parameter „Strahlenordnung“ auf vier erhöhst.

Video 5

c Einen künstlich erzeugten Regenbogen kannst du im Sommer selbst beobachten, wenn du bei Sonnenschein das aus einem Wasserschlauch austretende Wasser fein verstäubst und die Wasserfontäne aus einer geeigneten Position betrachtest. Das Video *Regenbogen im Wasserstrahl* und Bild 7 der Farbtafel zeigen es dir. Wo befand sich die Sonne, als der Film bzw. das Foto entstand?

____

Stelle diesen Versuch zu Hause im Garten nach, sobald es die Witterungsbedingungen erlauben.

d Wenn Flugpassagiere während eines Fluges aus dem Fenster schauen und dabei von oben auf die Wolken blicken, sehen sie gelegentlich einen Regenbogen, der – anders als bei Beobachtung auf der Erde – aus einem vollständigen Kreis besteht.
Erkläre, warum der Regenbogen vollständig geschlossen ist.

____

____

____

____

____

____

4 Himmelsblau und Abendrot

Dass die Sonne beim Untergehen rot erscheint, hast du bestimmt schon oft beobachtet, dass der wolkenlose Himmel blau aussieht, weiß jeder. Woran liegt es aber, wo die Luft doch farblos ist und die Sonne ihre Farbe auch nicht verändert?

Das folgende Experiment wird dir helfen, das Phänomen zu verstehen. Hierfür benötigst du ein großes Glas mit Wasser, eine Taschenlampe, weißes Papier, einen Löffel und ein wenig Milch.
Fülle das Glas mit Wasser und halte das Blatt Papier aufrecht ca. 20 cm hinter das Glas. Halte die Taschenlampe so nah vor das Becherglas, dass der helle Bereich auf dem Blatt Papier ca. 3 cm breit ist. Gib mit einem Löffel einen Tropfen Milch in das Wasser und verrühre ihn gut. Beobachte die Veränderung auf dem Blatt und betrachte die Milchlösung auch senkrecht von der Seite. Gib schrittweise einige weitere Tropfen Milch in das Wasser und beobachte die Veränderung. Die Bilder 8–11 auf der Farbtafel in Heftmitte veranschaulichen den Versuch.

Beobachtung: ________________________________

____

____

Vergleich des Experiments mit Himmel und Sonne:

a Welcher Versuchsbereich entspricht der Luft, welcher dem von uns beobachteten Bild der Sonne?

Luft: ____________________________

Sonne: ____________________________

b Erkläre den blauen Himmel und das Abendrot.

5 Die Mondphasen

a Manche Menschen sind der irrigen Meinung, die Mondphasen kämen durch den Schattenwurf der Erde auf die Mondoberfläche zustande. Gib Argumente dafür an, dass diese Vorstellung falsch ist.

b Im Internet findest du auf den SWR-Wissen-Seiten eine hervorragende Animation zur Bewegung des Systems Sonne–Erde–Mond (siehe Link-Seite der Stark-Homepage). Experimentiere mit dem Programm und untersuche, wie die Mondphasen zustande kommen.
Prüfe anschließend die Richtigkeit folgender Behauptungen:

	richtig	falsch
Man kann tagsüber nie den Mond sehen – man sieht ihn nur, wenn die Sonne unter dem Horizont verschwunden oder noch nicht aufgegangen ist.	☐	☐
Wenn Vollmond ist, kann man den Mond in unseren Breiten nur bei völliger Dunkelheit sehen, nicht aber dann, wenn die Sonne noch deutlich über dem Horizont steht.	☐	☐
Der Halbmond kann auch nachmittags beobachtet werden.	☐	☐
Wenn man den Halbmond um Mitternacht beobachtet, dann steht er hoch am Himmel.	☐	☐
Die meisten Stunden in der Nacht ist der Mond dann zu beobachten, wenn er als Vollmond erscheint.	☐	☐
Menschen in Australien sehen dann den Vollmond, wenn er für uns in Europa als Neumond erscheint.	☐	☐
Bei Halbmond stehen Sonne, Erde und Mond ungefähr im rechten Winkel zueinander.	☐	☐

Bei Vollmond stehen Sonne, Erde und Mond ungefähr im rechten Winkel zueinander. ☐ ☐

Dass der Mond der Erde immer dieselbe Seite zuwendet, ist ein Argument dafür, dass er sich nicht wie die Erde um seine Achse dreht. ☐ ☐

c Manche Menschen glauben, dass sich bei Vollmond die Wetterlage verändert. Erkundige dich, ob es dafür eine wissenschaftliche Ursache gibt.
- Wenn ja: Wie lautet sie?
- Wenn nein: Was könnte dann eine Ursache für diese Meinung sein? Welche Argumente lassen sich gegen sie vorbringen?

d Unter günstigen Voraussetzungen kann man bei Halbmond die eigentlich dunkle Hälfte des Mondes ganz schwach als Ergänzung der hell strahlenden anderen Hälfte des Halbmondes am dunklen Himmel erkennen. Begründe, woher zur dunklen Mondhälfte soviel Licht gelangen kann, dass man sie wahrnehmen kann.

6 Die Mondfinsternis

a Jemand behauptet, dass der Neumond eigentlich eine Mondfinsternis darstellt, da man ja die Mondoberfläche dann nicht sehen kann. Nimm Stellung.

b Die beiden Fotos rechts zeigen den Mond während einer Mondfinsternis sowie in einer bestimmten Mondphase. Ordne begründet zu, welches Bild die Mondfinsternis und welches Bild den Mond in einer seiner Phasen zeigt.

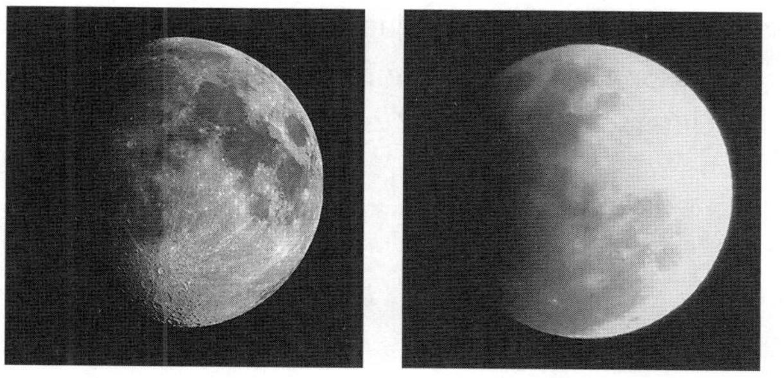

linkes Bild: ____________________

rechtes Bild: ____________________

Begründung: ____

____

____

c Auch wenn der Mond bei einer totalen Finsternis vollständig in den Kernschatten der Erde eingetreten ist, bleibt er oft noch gut sichtbar, wobei er meist in fahlen rötlichen oder bräunlichen Farben erscheint. Recherchiere den Grund dafür. Inwieweit kann diese Erscheinung etwas mit dem Wetter auf der Erde zu tun haben?

____

____

____

____

7 Die totale Sonnenfinsternis – das wohl größte Naturschauspiel

a Erkläre, wie partielle, totale und ringförmige Sonnenfinsternisse zustande kommen. Begründe, warum diese nicht monatlich auftreten. Dabei sollten sinngemäß u. a. folgende Begriffe bzw. Wendungen vorkommen: „Kernschatten", „Abstand Mond–Erde", „Mondbahn um die Erde", „nicht jeden Monat".

Partielle Sonnenfinsternis: ____

____

Totale Sonnenfinsternis: ____

____

Ringförmige Sonnenfinsternis: ____

____

____

Unregelmäßiges Auftreten: ____

____

____

b Erkundige dich, wie lange die Phase der vollständigen Verfinsterung bei totalen Sonnenfinsternissen für einen Ort auf der Erde dauern kann. Nenne den entscheidenden Grund für die deutlichen Unterschiede in der Zeitdauer.

____

____

____

____

c Die nachfolgende Abbildung zeigt dir einen Ausschnitt aus einer sogenannten **Finsterniskarte**, die hier für eine der längsten und wohl spektakulärsten Sonnenfinsternisse des 21. Jahrhunderts erstellt worden ist. Sie findet am 2. August 2027 statt und wird von Europa aus gut zu erreichen sein, wobei sie am eindrucksvollsten von Tempelanlagen in Luxor (Ägypten) aus zu beobachten sein dürfte!

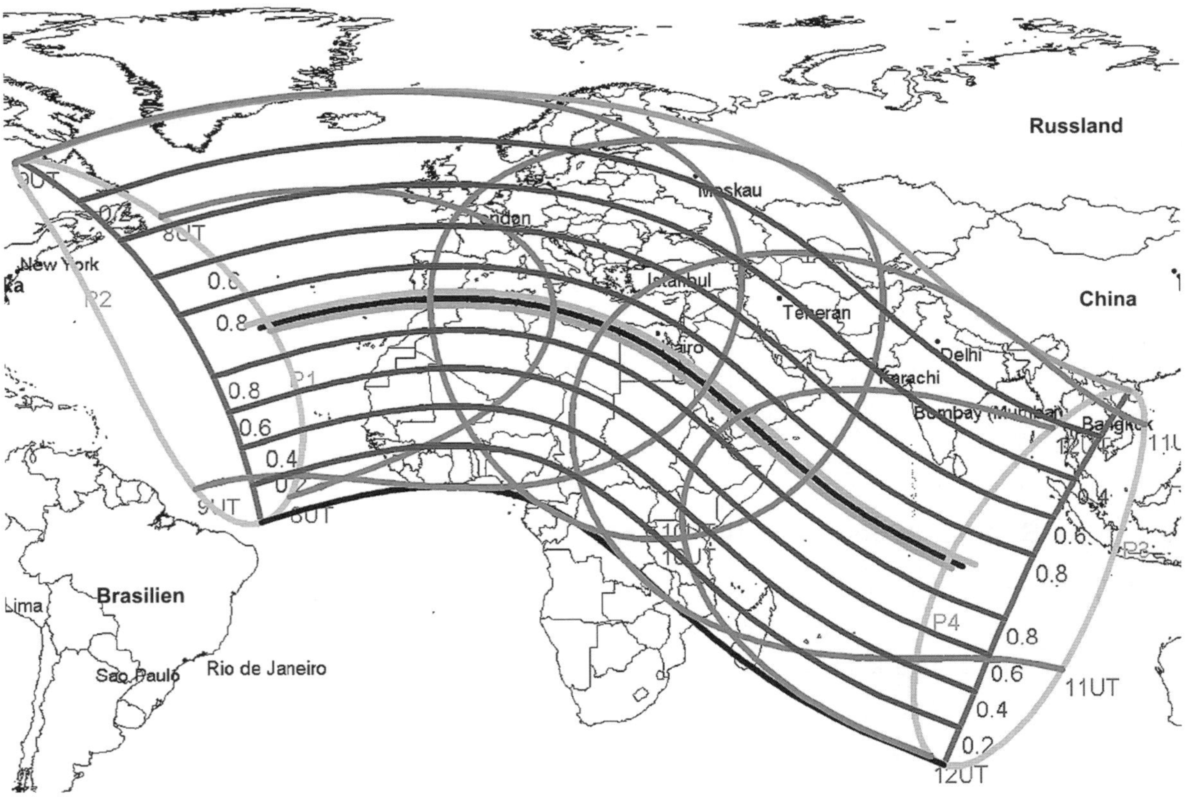

Erkundige dich durch Vergleich mit ähnlichen im Internet zu findenden Karten, welche Bedeutung die Linien des „schlauchförmigen“ Gebildes haben.

____

____

Entscheide, ob die Menschen in Moskau, Teheran oder Kairo die Sonnenfinsternis als totale Finsternis erleben werden. Recherchiere, ob man in Europa sowie im ägyptischen Luxor diese Finsternis als eine totale Sonnenfinsternis wahrnehmen wird.

Moskau: ____

Teheran: ____

Kairo: ______________________________

Europa: ______________________________

Luxor: ______________________________

d Das Foto rechts zeigt dir den Anblick der Sonne, wenn sich genau vor ihr der Mond befindet. Dieses Foto entstand im Verlaufe der totalen Sonnenfinsternis 2006 in der Türkei.
Begründe, warum man nur bei einer totalen Sonnenfinsternis den unregelmäßigen Kranz „außerhalb" der Sonne, die sogenannte **Sonnenkorona**, beobachten kann.

____

____

____

____

____

8 Teste dich!

In dem Buchstabensalat sind zwölf Begriffe aus diesem Kapitel versteckt (waagerecht und senkrecht). Kannst du sie finden?

A	Y	O	S	P	E	K	T	R	A	L	F	A	R	B	E
B	H	A	L	B	M	O	N	D	B	R	S	H	Y	J	H
E	L	J	W	O	O	J	B	G	E	S	V	I	F	E	C
N	W	L	P	F	N	I	M	O	N	E	D	M	D	G	N
D	P	W	X	A	D	K	S	N	D	E	R	M	N	S	C
B	S	C	F	F	F	Q	K	T	R	W	E	E	E	S	M
R	L	D	Z	M	I	R	Y	L	O	I	G	L	U	N	O
O	B	O	L	D	N	J	G	H	T	N	E	S	M	O	N
T	O	L	X	D	S	N	D	O	V	K	N	B	O	R	D
S	P	E	C	K	T	R	U	M	M	E	B	L	N	U	P
T	U	D	I	F	E	E	Z	F	Y	L	O	A	D	Z	H
S	P	E	K	T	R	U	M	N	K	V	G	U	E	J	A
S	O	N	N	E	N	F	I	N	S	T	E	R	N	I	S
R	S	E	H	W	I	N	K	E	L	Q	N	D	L	U	E
X	Y	H	B	G	S	M	X	I	D	B	Z	Z	D	D	F
S	O	N	N	E	N	U	N	T	E	R	G	A	N	G	T

Was Augen alles sehen

1 Das Lochauge

Die Augen einiger Tiere, z. B. die eines Nautilus, haben keine Linsen, sondern sie haben nur eine Pupille (also ein Loch). Das Foto zeigt einen einfachen Versuchsaufbau, der mithilfe eines einfachen Lochs ein Bild auf einem Schirm erzeugt. Als Gegenstand, der abgebildet werden soll, dient eine „Perl-Eins", dies sind einige durchsichtige Plexiglaskügelchen, die in Form einer „Eins" angeordnet sind (siehe Foto bei Teilaufgabe b).

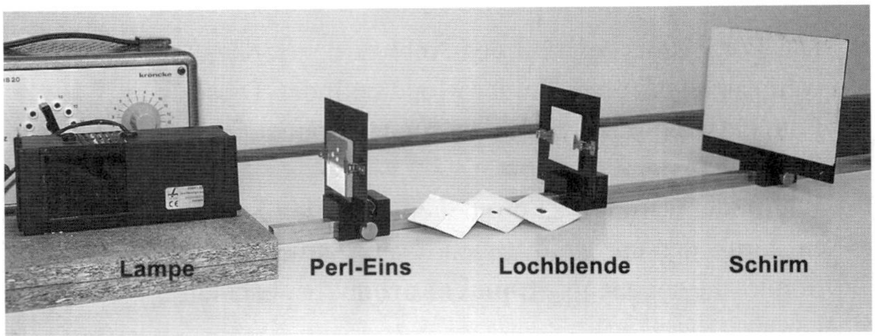

a Benenne die Elemente des Versuchsaufbaus, die die Pupille und die Netzhaut darstellen.

b Vergleiche das Bild der Perl-Eins auf dem Schirm mit dem Original der Perl-Eins.

Perl-Eins im Original

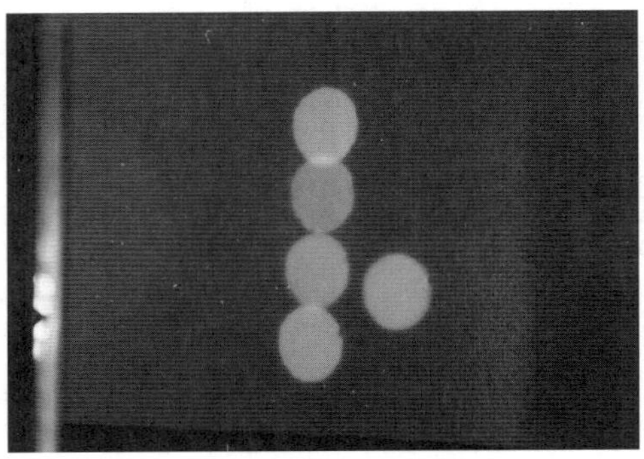
Bild auf dem Schirm

c Konstruiere das Bild der rechts dargestellten „Eins", indem du den Strahlenverlauf mit einem Lineal einzeichnest.

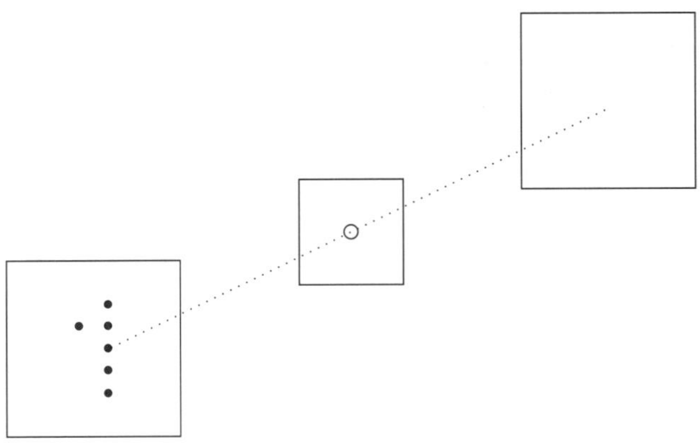

d Unten siehst du drei Abbildungen, die mit unterschiedlich großen Löchern in der Lochblende aufgenommen wurden. Beschreibe, wie sich das Bild der Perl-Eins verändert, wenn man das Loch in der Lochblende vergrößert.

____

____

e Benenne die Nachteile der Abbildung mit einem Lochauge. Vergleiche mit den Abbildungseigenschaften eines Linsenauges.

____

____

____

2 Aufbau des Auges

Lies zunächst den Informationstext. Beschreibe dann in jeweils einem Satz, welche Aufgaben die einzelnen Teile des Auges haben, und trage die richtigen Bezeichnungen in die Kästchen ein.

Das menschliche Auge

Wenn du deine Augen im Spiegel betrachtest, so siehst du nur einen geringen Teil dieses Sinnesorgans. In der Mitte der Iris (oder Regenbogenhaut) erkennst du ein schwarzes Loch, die Pupille. Außerdem erkennst du die weiße Lederhaut, welche den gesamten Glaskörper, der das Innere des Auges ausfüllt, umschließt und eine zähe schützende Hülle bildet. Die Iris und die Pupille werden durch die durchsichtige und glasklare Hornhaut geschützt.
Untersucht man ein Auge eingehender, so findet man unter der Lederhaut die Aderhaut, deren dünnes Geflecht aus Adern das Auge mit Nährstoffen und Sauerstoff versorgt. Die innerste Schicht am hinteren Ende des Auges ist die Netzhaut, die mehr als 130 Millionen Sehzellen aufweist. Diese leiten, wenn sie von Licht getroffen werden, elektrische Signale weiter, die über den Sehnerv an das Gehirn übertragen werden.
Damit wir unsere Umgebung scharf sehen können, müssen mehrere Bestandteile des Auges zusammenarbeiten. Das Licht fällt durch die Hornhaut auf die Iris und gelangt durch die Pupille ins Augeninnere. In Abhängigkeit von der Helligkeit der Umgebung verändert die Iris die Größe der Pupille, sodass die Lichtmenge, die auf die Netzhaut trifft, reguliert wird. Hinter der Pupille befindet sich die elastische Augenlinse. Sie ist von einem ringförmigen Augenmuskel umschlossen, der die Wölbung der Linse verändern kann, wodurch Gegenstände in unterschiedlichen Entfernungen scharf wahrgenommen werden können.

Die Lederhaut ____

Die Aderhaut ____

Die Hornhaut ____

Die Pupille ____

Die Iris ____

Die Linse ____________________

Der Glaskörper ____________________

Die Netzhaut ____________________

Der Sehnerv ____________________

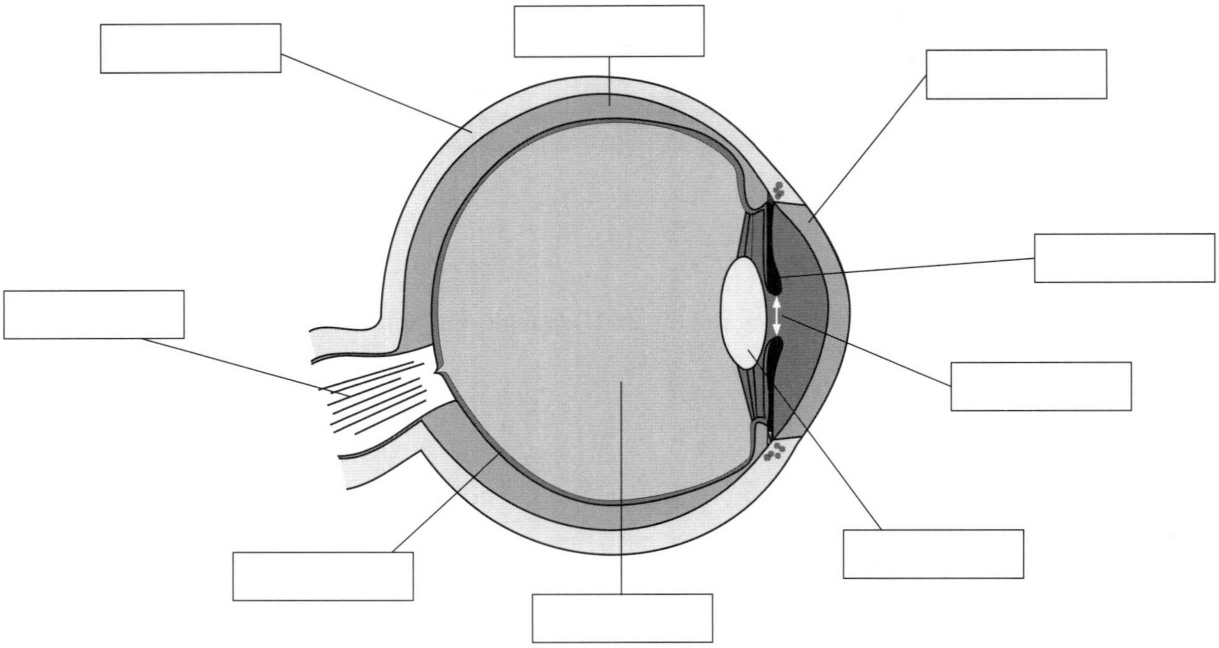

3 Das Auge – mit der für den Menschen wichtigsten Linse

Das normalsichtige menschliche Auge, wie auch das Auge sehr vieler Tiere, kann mithilfe variabler Krümmung seiner Linse (Akkommodation) erreichen, dass unterschiedlich weit entfernte Gegenstände immer scharf auf der (immer gleichweit von der Linse entfernten) Netzhaut abgebildet werden. Links zu einigen guten Animationen dazu findest du auf der Link-Seite der Stark-Homepage.

Erprobe die in den Applets gebotenen interaktiven Möglichkeiten. Kreuze aufgrund der dort gewonnenen Erfahrungen bei den folgenden Aussagen an, ob sie richtig oder falsch sind.

		richtig	falsch
a	Wenn ein beobachteter Gegenstand sich vom Auge entfernt, muss sich die Augenlinse stärker krümmen, um weiterhin den Gegenstand scharf auf der Netzhaut abzubilden.	☐	☐
b	Wenn der beobachtete Gegenstand sich vom Auge entfernt, muss sich die Brennweite der Augenlinse vergrößern, um weiterhin den Gegenstand scharf auf der Netzhaut abzubilden.	☐	☐
c	Rückt ein Gegenstand über den Nahpunkt hinaus immer weiter zum Auge hin, entstünde erst hinter der Netzhaut ein scharfer Bildpunkt, sodass man in diesem Fall unscharf sieht.	☐	☐
d	Wenn Licht eine konvexe Linse durchlaufen hat, ist es konvergent.	☐	☐
e	Konkave Linsen verringern die Divergenz von Lichtbündeln.	☐	☐

Korrigiere die falschen Aussagen:

4 Kurz- und Weitsichtigkeit – Brillen helfen

a Die in Aufgabe 3 verwendeten Animationen erlauben es auch, unterschiedliche Augenfehler wie Kurz- und Weitsichtigkeit näher zu untersuchen.
Kreuze bei den folgenden Aussagen an, ob sie richtig oder falsch sind.

	richtig	falsch
1. Bei Kurzsichtigkeit ist die Lichtbrechung im Auge zu stark. Man benötigt daher eine Brille mit konkaven Linsen.	☐	☐
2. Bei Kurzsichtigkeit befindet sich der Bildpunkt eines Gegenstands im Augeninnern zwischen Linse und Netzhaut.	☐	☐
3. Bei Weitsichtigkeit kann man weit entfernte Gegenstände scharf sehen.	☐	☐
4. Um Weitsichtigkeit zu korrigieren, bedarf es einer Brille mit Zerstreuungslinsen.	☐	☐
5. Die Brille eines Weitsichtigen kann man als Brennglas verwenden.	☐	☐
6. Man erkennt eine weitsichtige Person daran, dass ihre Augen hinter der Brille vergrößert erscheinen.	☐	☐
7. Mit zunehmendem Alter lässt das Krümmungsvermögen der Augenlinse bei fast allen Menschen nach, sodass man kurzsichtig wird.	☐	☐
8. Mit zunehmendem Alter kann ein kurzsichtiger Mensch einen Gegenstand völlig entspannt betrachten, auch wenn sich dieser in der Nähe des normalen Nahpunkts vor dem Auge befindet.	☐	☐

Korrigiere die falschen Aussagen:

b Auf den beiden Fotos siehst du zwei mit einem seitlich positionierten Blitzlicht aufgenommene Brillen zusammen mit ihren Schatten, die sie auf einer dahinter liegenden Wand werfen.

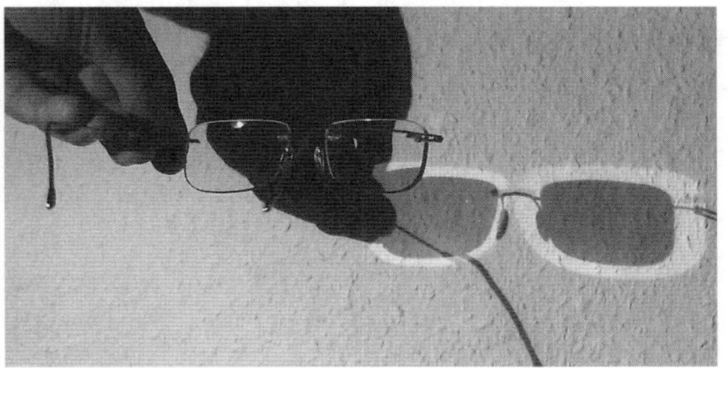

Eine genaue Betrachtung der Art der Schatten an der Wand erlaubt Aussagen über die Art der Fehlsichtigkeit des Brillenbesitzers:

Beim linken Bild handelt es sich um die Brille einer ____________-sichtigen Person, weil ______

Die beiden Augen des Besitzers dieser Brille sind nicht genau gleich stark fehlsichtig. Das erkennt man daran, dass ______

Das rechte Bild zeigt die Brille einer ____________-sichtigen Person, weil ______

Die beiden Augen des Besitzers dieser zweiten Brille sind etwa gleich stark fehlsichtig. Das erkennt man daran, dass ______

Jemand sagt, dass der dünne metallische Rahmen der Brille im rechten Bild einen breiten Schatten wirft. Nimm Stellung zu dieser Aussage.

Wenn du selbst Brillenträger bist, solltest du dieses einfache Experiment unbedingt einmal selbst ausprobieren; wenn nicht, dann bitte doch einmal einen Brillenträger, dir seine Brille für das Experiment zur Verfügung zu stellen.

c Für das Foto rechts wurde die Brille aus dem ersten der beiden oberen Bilder benutzt. Im Unterschied zu den Aufnahmen oben wurde jetzt das Blitzlicht des Fotoapparates selbst verwendet, das die Brille unmittelbar aus der Richtung des Beobachters beleuchtet hat. Beschreibe, warum im „Inneren" der beiden Gläser verkleinerte Schatten zu sehen sind.

Kapitel 1

Aufgabe 3: Reflektoren

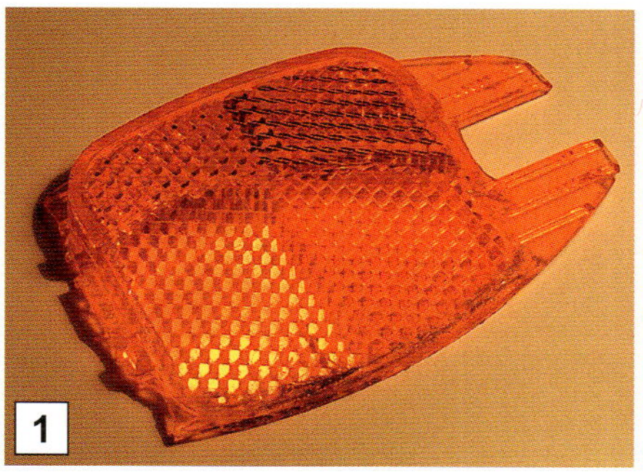
1

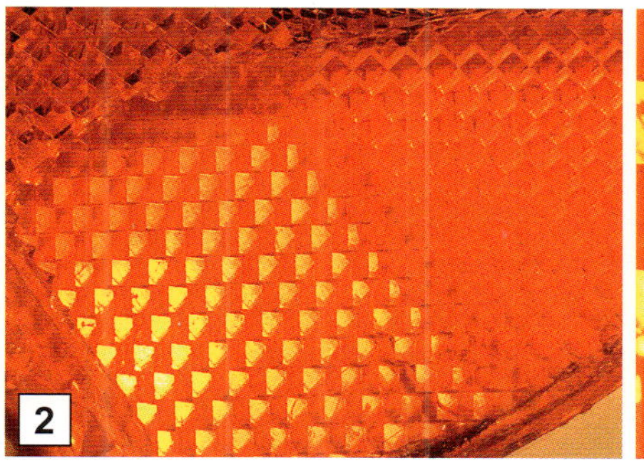
2

3

Kapitel 2

Aufgabe 1: Wenn die Sonne auf- und untergeht

4

5

Aufgabe 3: Der Regenbogen – ein kontinuierliches Spektrum

6

7

Aufgabe 4: Himmelsblau und Abendrot

8

ohne Milch

9

1–2 Tropfen Milch

10

3–4 Tropfen Milch

11

etwas mehr Milch

Kapitel 3

Aufgabe 5: Sehen unter Wasser

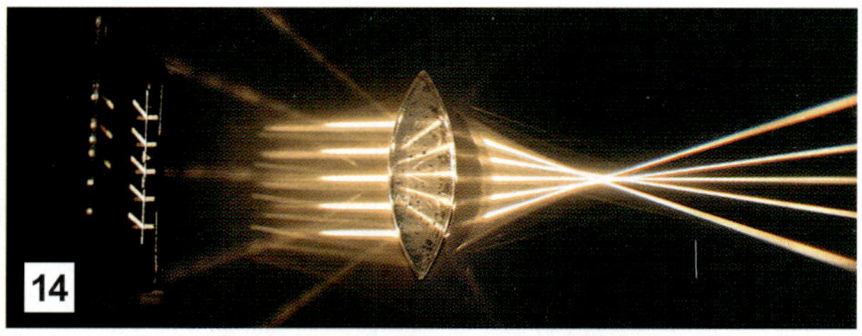

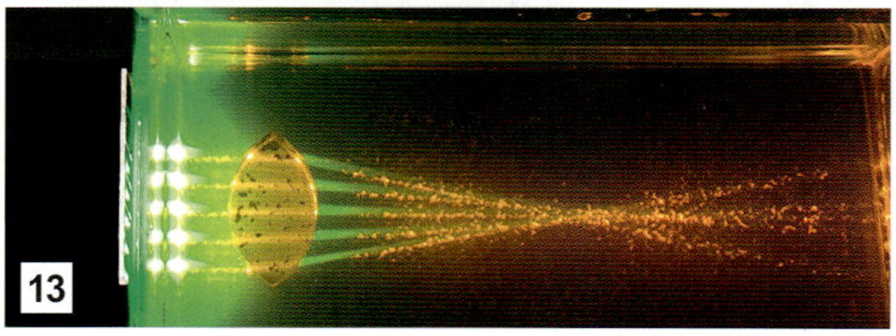

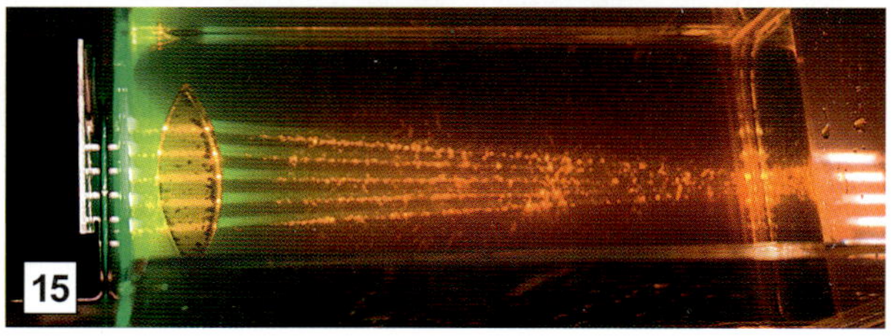

stark gekrümmte Linse in Luft (12) und im Wasser (13)

Linse in Luft (14) und im Wasser (15)

Kapitel 4

Aufgabe1: Licht im Glaskabel

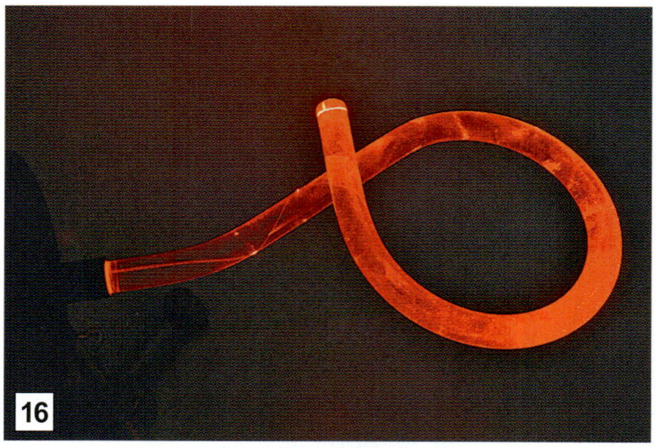

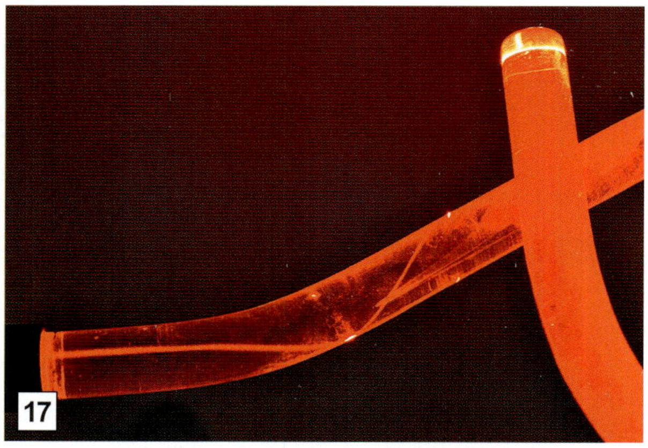

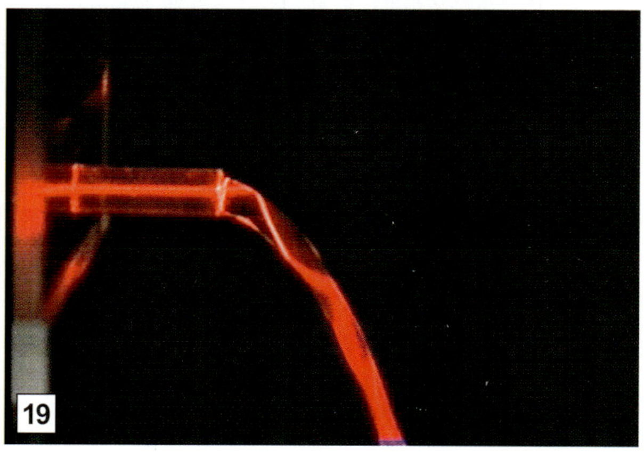

Aufgabe 2: Licht im Diamanten

Aufgabe 3: Eisbärfell

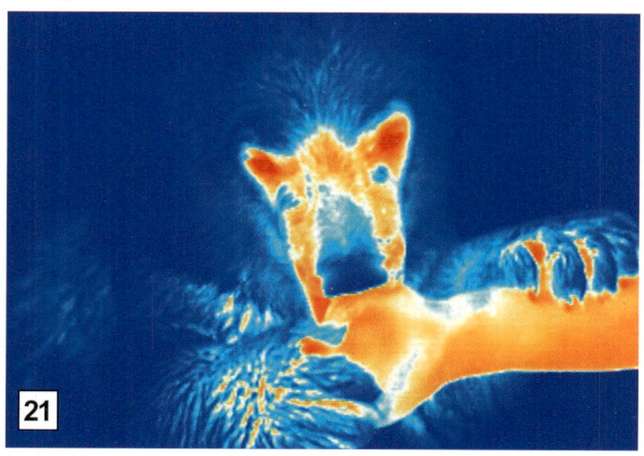

Aufgabe 5: Das Blickfeld unter Wasser

22

23

Kapitel 5

Aufgabe 1: Die Sammellinse als Brennglas

24

schwach gekrümmte Linse

25

stark gekrümmte Linse

Aufgabe 3: Fernglas

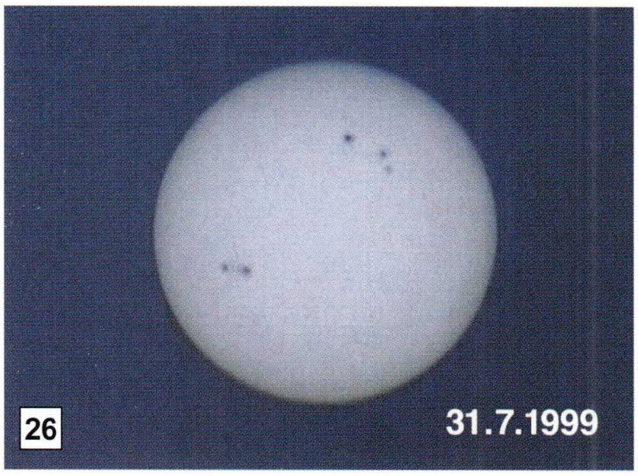

26

Kapitel 6

Aufgabe 1: Farben verstärken sich – additive Farbmischung

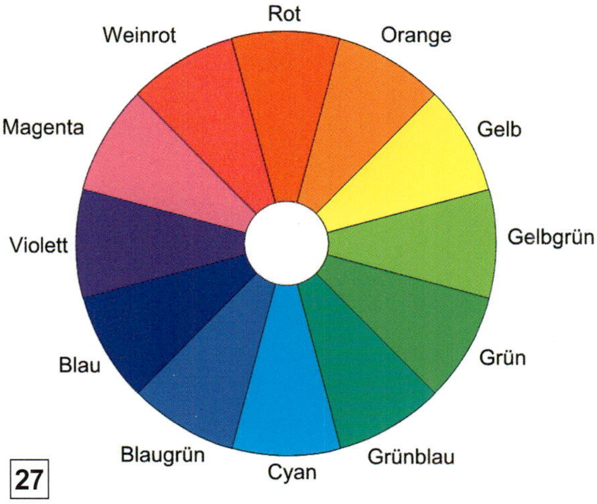

27

28

Aufgabe 2: Farben schwächen sich – subtraktive Farbmischung

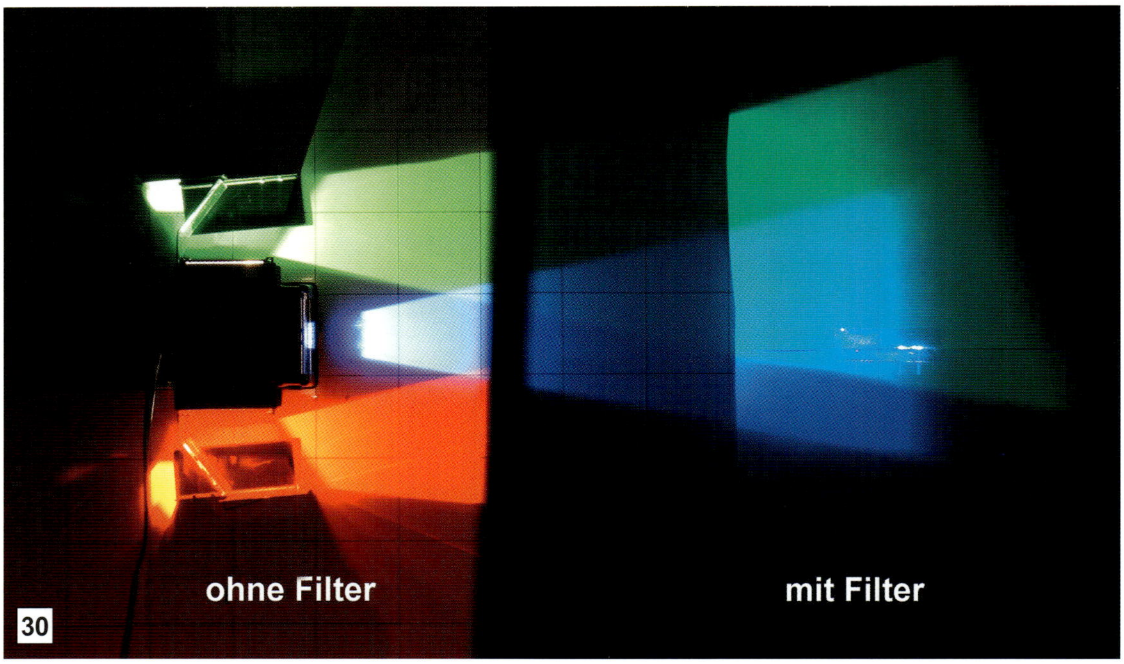

Aufgabe 5: Farbwahrnehmung und Farbblindheit

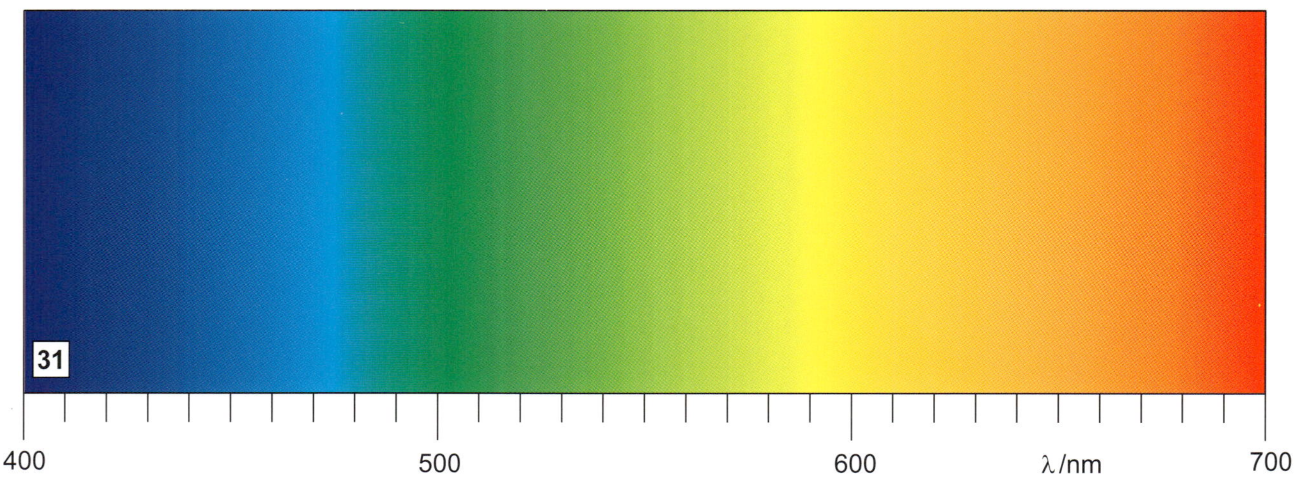

d In der Erzählung „Lord of the Flies“ von William Golding entfachen gestrandete Jungen auf einer einsamen Pazifikinsel ein Feuer mithilfe der Brille des kurzsichtigen Piggy. Nimm aus physikalischer Sicht dazu Stellung.

5 Sehen unter Wasser

Bestimmt ist dir beim Tauchen schon einmal aufgefallen, dass du mit bloßen Augen unter Wasser alles nur verschwommen erkennen kannst. Der folgende Versuch erklärt dieses Phänomen.

Mit einer Lampe und einer Schlitzblende werden fünf parallele Lichtstrahlen erzeugt. Sie treffen einmal auf eine Linse, die von Luft umgeben ist, und einmal auf eine identische Linse, die sich ganz unter Wasser befindet. Die Bilder 12–15 auf der Farbtafel in Heftmitte illustrieren diesen Versuch.

a Beschreibe und erkläre den unterschiedlichen Verlauf der Lichtstrahlen hinter der Linse in Luft und in Wasser.

b Erkläre, ausgehend von der Beobachtung bei den beiden Versuchen, warum man mit bloßen Augen unter Wasser nicht scharf sieht.

c In Thailand gibt es eine Volksgruppe, die „Moken“, deren Kinder unter Wasser scharf sehen können. Recherchiere im Internet, wie dies den Moken-Kindern gelingt. Dafür können mindestens zwei verschiedene Möglichkeiten verantwortlich sein.

d Mithilfe einer Tauchmaske („Taucherbrille“) gelingt es auch dir, unter Wasser scharf zu sehen. Erkläre, warum das so ist.

e Mit einer Tauchmaske erscheint alles größer, als es in Wirklichkeit ist. Verantwortlich hierfür ist die Brechung des Lichts an der Grenzfläche zwischen Wasser und Tauchmaske.
Zeichne vom Anfang und vom Ende des Fisches solche Lichtstrahlen, die jeweils zum Auge des Tauchers gelangen. Beachte dabei die qualitativ richtige Brechung der Strahlen. Begründe damit, dass sich für das Auge bei Verwendung der Tauchmaske ein größerer Sehwinkel ergibt, der den gesamten Fisch für den Beobachter größer erscheinen lässt.

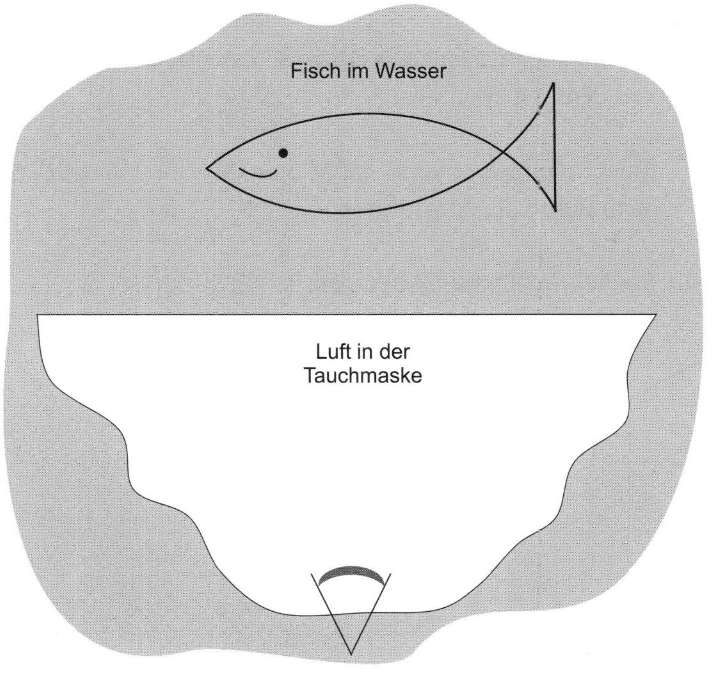

f Im James-Bond-Film „Feuerball“ gibt es eine Kampfszene unter Wasser, in der „007“ mit Tauchmaske und einem vom Techniker „Q“ entwickelten Atemgerät gegen zahlreiche Schurken kämpft. Diese reißen ihm im Kampf die Tauchmaske vom Gesicht, woraufhin James Bond etwas orientierungslos umherschaut, da er nicht mehr scharf sehen kann. Glücklicherweise kann er schnell die Tauchmaske eines bereits außer Gefecht gesetzten Schurken ergreifen und aufsetzen. Er scheint unmittelbar nach dem Aufsetzen der Maske (die übrigens beim Wechsel des Besitzers auch die Farbe gewechselt hat) wieder scharf sehen zu können.
Erkläre, warum dies nicht ganz so einfach möglich ist und wie echte Taucher dieses Problem lösen können.

6 Teste dich!

Welche der folgenden Aussagen sind richtig, welche falsch?

		richtig	falsch
a	Je kleiner das Loch beim Lochauge ist, desto heller und schärfer ist das Bild.	☐	☐
b	Beim Lochauge ist das Bild auf der Netzhaut seitenverkehrt und steht auf dem Kopf.	☐	☐
c	Die Linse sorgt dafür, dass das Bild auf der Netzhaut nicht auf dem Kopf steht.	☐	☐
d	Wenn parallele Lichtstrahlen auf die Brillengläser eines weitsichtigen Menschen fallen, so laufen diese hinter der Brille auseinander.	☐	☐
e	Kurzsichtige Menschen haben im Vergleich mit normalsichtigen einen verkürzten Augapfel.	☐	☐
f	Kurzsichtige Menschen nehmen mit Brille alle Gegenstände etwas verkleinert wahr.	☐	☐
g	Ohne Tauchmaske kann ein normalsichtiger Mensch unter Wasser alles scharf und deutlich erkennen.	☐	☐
h	Eine Tauchmaske sorgt dafür, dass das Licht durch diese gebrochen wird und nicht durch die Augenlinse.	☐	☐

Korrigiere die falschen Aussagen:

Total reflektiertes Licht in Natur und Technik

1 Licht im Glaskabel

Experimentiere mit dem Applet *Totalreflexion*, den Link darauf findest du auf der Link-Seite der Stark-Homepage. Die Simulation verdeutlicht, dass unter gewissen Umständen das Licht **total reflektiert** wird, wenn es, aus einem optisch dichteren Medium kommend, auf die Grenzfläche zu einem optisch dünneren Medium trifft. Wenn Licht z. B. in einer Glasfaser verläuft und ziemlich flach auf die Grenzfläche zur umgebenden Luft trifft, wird es total reflektiert und verbleibt damit weiter in der Glasfaser. Die Bilder 16 und 17 der Farbtafel zeigen den Verlauf eines Laserstrahls in einem Glasfasermodell.

Video 6

a Vielleicht kennst du die **Glasfaserlampen**, bei denen dieser Effekt der Totalreflexion ausgenutzt wird. Auf der Stark-Homepage findest du hierzu ein Video.

Beschreibe, wie eine solche Lampe aufgebaut ist und warum das Licht an die Enden der einzelnen Glasfaser geleitet wird.

b Recherchiere im Internet, wozu ein **Endoskop** verwendet wird und wie es aufgebaut ist. Beschreibe, wie bei ihm der Effekt der Totalreflexion genutzt wird, um in das Körperinnere sehen zu können.

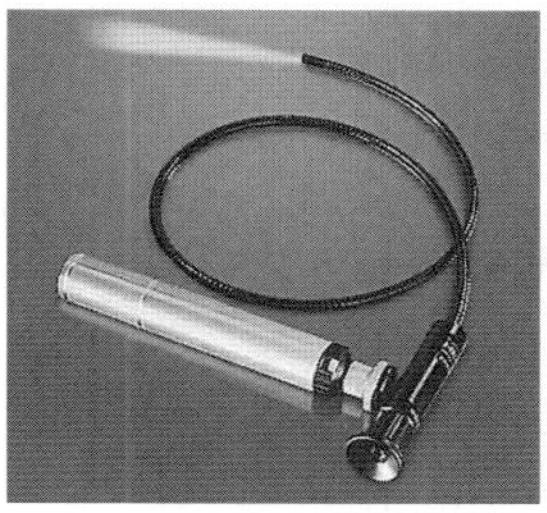

c Du kannst dir zu Hause sehr leicht einen Lichtleiter herstellen. Bohre hierzu in eine Kunststoffflasche in der Nähe des Bodens ein Loch, in das du ein kurzes Stück Strohhalm steckst. Fülle die Flasche mit Wasser und leuchte mit einem Laserpointer (Vorsicht: niemand darf in den Lichtstrahl eines Lasers hineinschauen!) seitlich so in die Flasche, dass der Lichtstrahl den ausfließenden Wasserstrahl genau von hinten trifft (siehe Bilder 18 und 19 der Farbtafel).

2 Licht im Diamanten

Im Internet kannst du viele, auch physikalisch interessante Informationen über **Diamanten** finden (siehe Link-Seite auf der Stark-Homepage). In Bild 1 ist der sogenannte „Diamantschliff“ schematisch dargestellt (von oben und von der Seite gesehen), wie er für die Herstellung von **Brillanten** angewendet wird. Ein Brillant (Bild 2) ist ein rund geschliffener Diamant, dessen Oberteil mindestens 32 Facetten (Seitenflächen) und dessen Unterteil mindestens 24 Facetten besitzt. Diamanten bestehen aus reinem kristallin angeordneten Kohlenstoff mit dem größten Brechungsindex n = 2,4 und der größten Härte aller Stoffe.

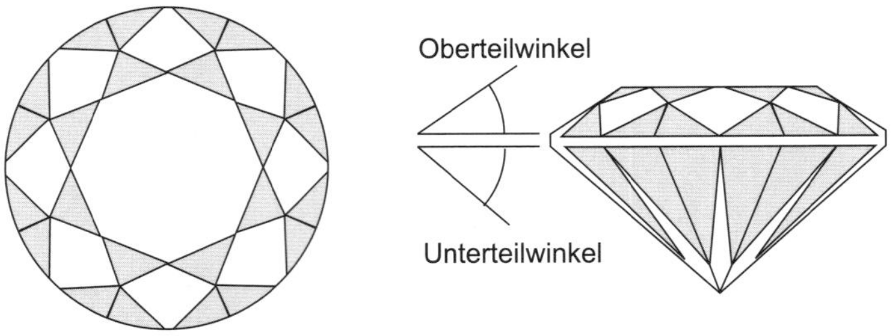

Bild 1

Bild 2

Gute Diamant-Proportionen liegen u. a. dann vor, wenn der Oberteilwinkel etwa 35° und der Unterteilwinkel etwa 41° beträgt, weil sich dann ein besonders ausgeprägtes Funkeln des Diamanten erreichen lässt. Auf dem Bild 20 der Farbtafel kannst du das gut beobachten. Im Diagramm rechts ist der Zusammenhang zwischen Einfalls- und Brechungswinkel für Diamant dargestellt.

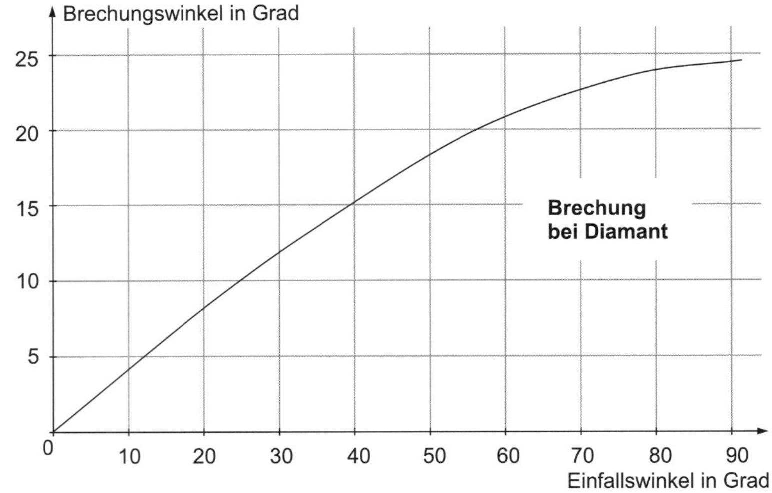

a Das Bild rechts zeigt den Querschnitt eines Brillanten mit den oben genannten Proportionen.
Gib an, für welche Winkel Strahlen innerhalb des Brillanten total reflektiert werden.
Zeichne für die drei von oben ankommenden Lichtstrahlen mithilfe des Diagramms oben den weiteren Verlauf.

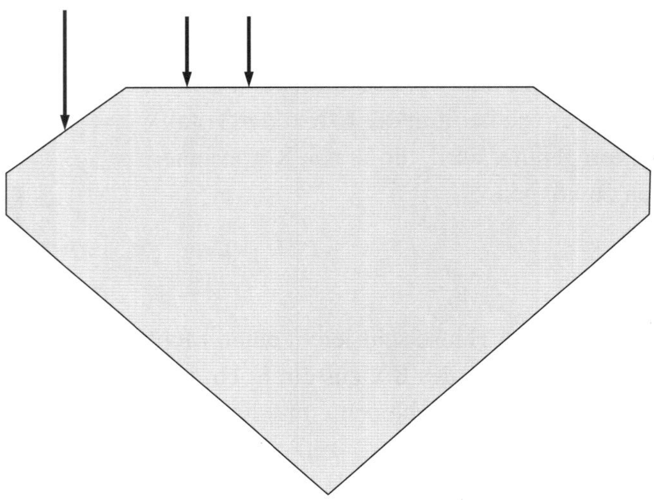

b Zeichne in den zu flach bzw. zu spitz geschliffenen Brillanten den Strahlenverlauf.

- Schliff zu flach:

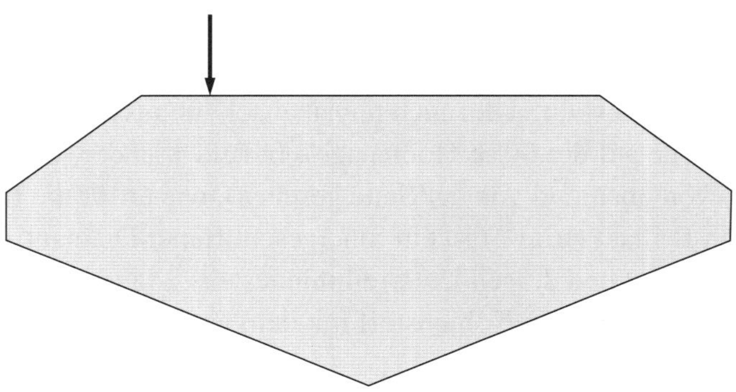

- Schliff zu spitz:

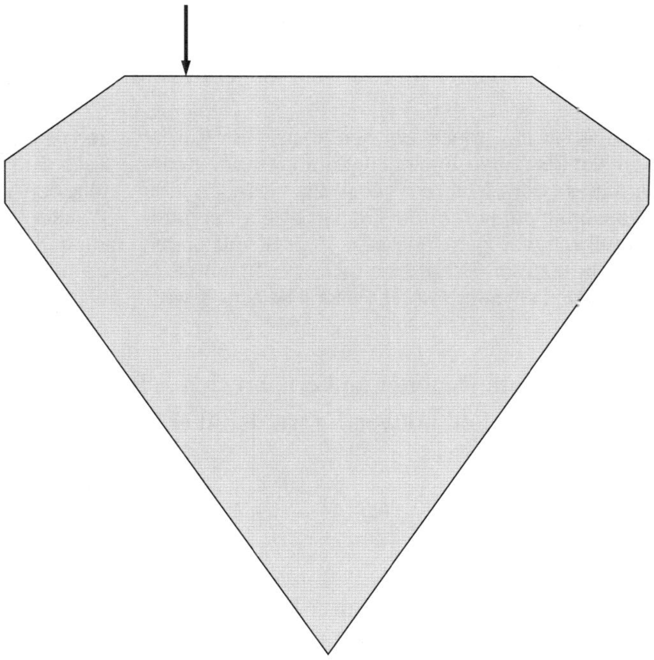

c Begründe anhand des gezeichneten Strahlenverläufe in den Teilaufgaben a und b das Funkeln von Brillanten, wenn Licht auf sie auftrifft.

Richtiger Schliff: ______________________________

____

____

____

____

____

____

____

Schliff zu flach: ______________________________

____

Schliff zu spitz: ______________________________

____

d Begründe, warum man beim Funkeln eines Brillanten alle Regenbogenfarben beobachten kann.

____

____

____

____

3 Das Eisbärfell

Lies den folgenden Text und bearbeite anschließend die Teilaufgaben a bis f.

Eisbären leben im ewigen Eis der Arktis. Ihre Körper müssen sich extremen Bedingungen anpassen. Insbesondere muss der Eisbär gut gegen die niedrigen Luft- und Wassertemperaturen (der Eisbär ist ein hervorragender Schwimmer) geschützt sein. Zum Schutz gegen die Kälte besitzt der Eisbär eine ca. 5 bis 10 cm dicke Fettschicht und ein sehr dichtes Fell auf seiner schwarzen Haut, das gelblich-weiß aussieht. Die Haare des Fells sind eigentlich farblos, sie erscheinen durch Lichtreflexion weiß. Am dichten, leicht öligen Fell läuft das Wasser sofort ab, sodass seine Haut beim Schwimmen kaum mit dem kalten Wasser in Berührung kommt. Die Haare sind innen hohl, wodurch sich ein isolierendes Luftpolster um die Haut des Eisbären bildet.

a Der Eisbär ist ein Raubtier und ernährt sich z. B. von Robben. Begründe, warum in seinem Lebensraum ein weißes Fell notwendig ist, damit er beim Jagen erfolgreich sein kann.

____

____

b Man hat versucht, Eisbären mithilfe von Infrarotkameras aufzuspüren, um sie zu zählen, doch der Versuch misslang, da die Kameras die Eisbären nicht registrierten.

Recherchiere im Internet, was Infrarotstrahlung ist. Erkläre, was man über das Fell des Eisbären schließen kann, wenn die Eisbären durch Infrarotkameras nicht entdeckt werden können.
Bild 21 der Farbtafel in Heftmitte zeigt eine Infrarotaufnahme des Eisbären Flocke, der Anfang 2008 im Nürnberger Zoo geboren wurde. Benenne die Stellen des Eisbären, die relativ viel Wärme abgeben. Vergleiche den Eisbären auch mit dem Arm des Pflegers, an dem der Eisbär knabbert.

c Das Eisbärfell isoliert den Eisbären nahezu perfekt gegen Wärmeverlust. Ist es aber auch dazu geeignet, die wenige Sonnenstrahlung optimal aufzunehmen?
Die folgenden Experimente zeigen, dass die weiße Farbe des Fells sinnvoll ist, obwohl dies auf den ersten Blick der Erfahrung aus dem Alltag widerspricht. Du wirst im Sommer bestimmt schon einmal wahrgenommen haben, dass ein schwarzes Auto schneller warm wird als ein weißes Auto. Dieses soll mit dem folgenden Modellversuch überprüft werden.

Video 7

Sieh dir das Video zum Versuch *Beleuchtung von schwarzen und weißen Oberflächen* an. Dort werden eine weiße und eine schwarze Metalldose mit einer sehr starken Lampe beleuchtet. Mit einem Thermometer werden die Temperaturen in den Dosen gemessen.
Werte die Videos aus: Zeichne die ermittelten Temperaturkurven in das folgende Koordinatensystem ein. Fülle hierfür zunächst die Wertetabelle auf der folgenden Seite aus.

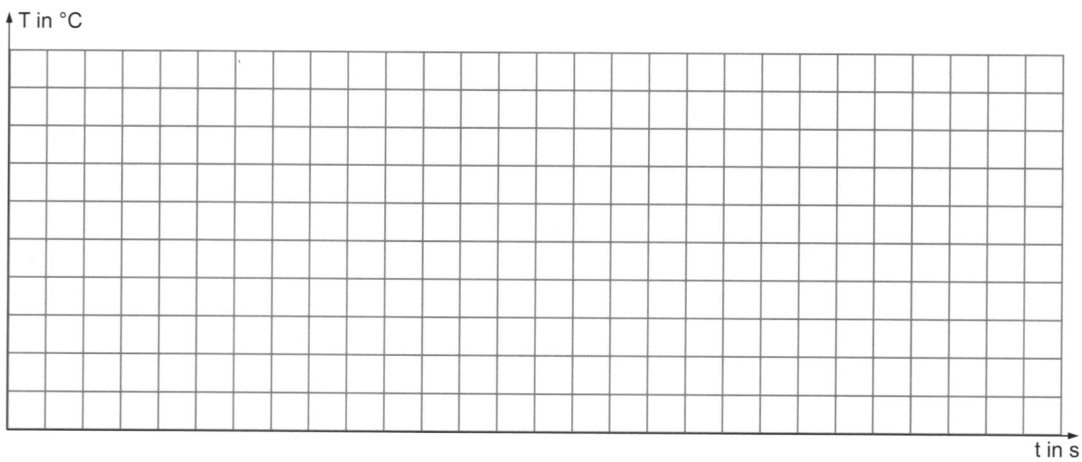

Zeit		Temperatur	
im Video t_{Video} in s	nach Anschalten der Lampe t in s	schwarze Dose $T_{schwarz}$ in °C	weiße Dose $T_{weiß}$ in °C
4			
9			
14			
19			
24			
29			
34			
39			
44			
49			
54			
59			
01:04			
01:09			

d Den folgenden Versuch kannst du zu Hause leicht durchführen. Er veranschaulicht, warum die schwarze Dose schneller warm wird.

Untersuche, wie sich Licht, das auf unterschiedliche Materialien fällt, verhält. Bitte jemanden, dir zu helfen, und lasse ihn in einem abgedunkelten Raum in den Strahlengang einer Taschenlampe nacheinander verschiedene Materialien (schwarze Pappe, weiße Pappe, Glasplatte, Spiegel, transparentes Papier) so halten, wie in der Zeichnung zu sehen. Beobachte das Gesicht, den Bereich hinter dem Gegenstand sowie den Bereich an der Decke über dem Gegenstand.

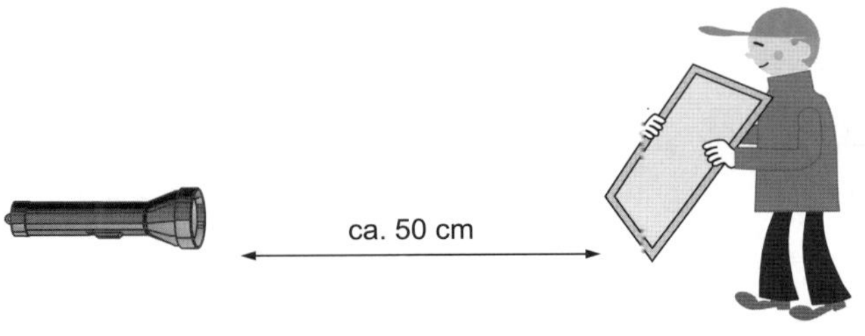

Beobachtung:

	schwarze Pappe	weiße Pappe	Glasplatte	Spiegel	transparentes Papier
Gesicht					
Decke					
Bauch					

Ergebnis:

_______________ Oberflächen reflektieren das Licht geordnet.

_______________ Oberflächen reflektieren das Licht ungeordnet (Streuung).

_______________ Oberflächen verschlucken das Licht (Absorption).

Begründe nun, warum sich die schwarze Dose schneller erwärmt als die weiße.

____

____

____

e Der Eisbär nutzt den untersuchten Effekt auch aus, er hat nämlich eine schwarze Haut. Wie aber gelangt das Licht durch das dichte weiße Fell zur Haut?
Hierzu gibt es zwei Theorien, die bislang noch nicht eindeutig bestätigt oder widerlegt sind (neuere Untersuchungen sprechen aber eher gegen Theorie 1).

Theorie 1: Die hohlen Haare des Eisbären leiten das Licht ähnlich wie Glasfasern durch Totalreflexion zur Haut weiter.

Obwohl die Haare des Eisbärfells möglicherweise ähnlich funktionieren wie Glasfasern, unterscheiden sie sich im Aufbau elementar von diesen. Benenne den wesentlichen Unterschied zwischen Glasfasern und den Haaren des Eisbärfells.

____

____

____

Theorie 2: Die transparenten Haare des Eisbärfells lassen ein Teil des Lichtes hindurch, welches von der schwarzen Haut absorbiert wird und in Wärme umgewandelt wird.

Entwickele einen Versuch, mit dem man nachweisen kann, dass sich ein Tier bzw. Gegenstand mit einem transparenten Fell schneller aufwärmt als eines mit schwarzem Fell.

Versuchsbeschreibung: ____

____

____

4 Der Regensensor

Ein Regensensor eines Autos prüft, ob auf die (Außenseite der) Frontscheibe Regen fällt. Er ist meist in der Größe einer Streichholzschachtel im Fuß des Innenrückspiegels eingebaut. Der Sensor sendet von der Scheibeninnenseite (Infrarot-) Licht derart schräg durch das Glas der Windschutzscheibe, dass dieses bei trockener Außenseite mehrfach von der Scheibe total reflektiert wird und so von einer Fotodiode als Lichtsensor registriert werden kann. Wenn sich allerdings Regentropfen auf der Scheibe befinden, wird die Totalreflexion (teilweise) aufgehoben, sodass das Licht nicht mehr vollständig zum Lichtsensor gelangt: Das Auto „weiß“, dass jetzt der Scheibenwischer eingeschaltet werden muss.

a Begründe, warum die auf den Lichtsensor auftreffende Lichtintensität mit zunehmender Regenmenge abnimmt.

____

____

____

b Mithilfe eines kleinen Aufsatzes auf der Scheibe, auf den das Licht senkrecht auftrifft, gelingt es, Licht in das Glas der Windschutzscheibe hinein laufen zu lassen. Mithilfe eines zweiten Aufsatzes kann die Scheibe das Licht wieder in Richtung Lichtsensor verlassen (vgl. Skizze).

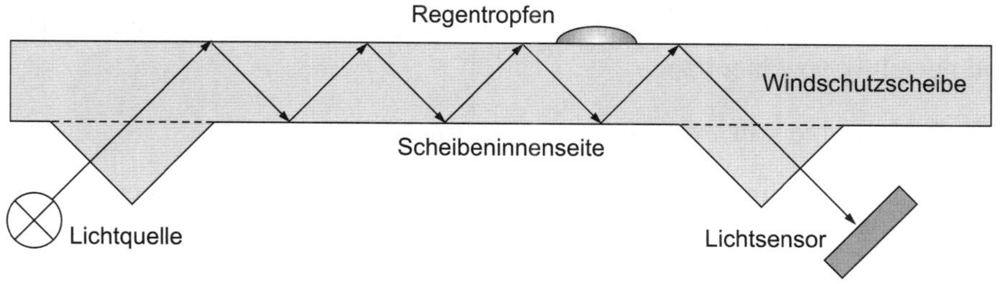

Zeichne einen weiteren Regentropfen so, dass er über der ersten Reflexionsstelle liegt, und skizziere den dadurch beeinflussten Lichtverlauf. Beschreibe, wie der Lichtsensor auf den veränderten Strahl reagiert.

c Jemand behauptet, dass man auf die beiden Aufsätze verzichten könne und es ausreiche, das Licht einfach schräg von innen auf die Glasscheibe zu leuchten. Vervollständige den Lichtweg in der nachstehenden Skizze. Erläutere, warum der Regensensor auf dieses Weise nicht funktioniert.

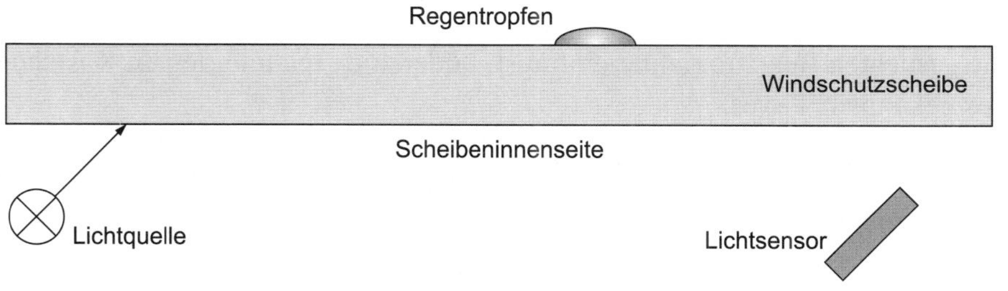

5 Das Blickfeld unter Wasser

Können im Wasser lebende Tiere eigentlich die Menschen am Ufer eines Teiches stehen sehen? Wenn ja, wo sehen sie sie, wenn nein, warum eigentlich nicht? Solche und ähnliche Fragen könnten aus eigener Erfahrung heraus vielleicht nur Taucher beantworten, die sie sich einmal bewusst gestellt haben und unter Wasser entsprechend gezielt beobachtet haben.

Die Bilder 22 und 23 der Farbtafel zeigen dir zwei Unterwasseraufnahmen.

a Das Foto mit dem Baby zeigt Spiegelungen an der Wasseroberfläche. Beschreibe und erkläre diese.

b Die Aufnahme der Schildkröte aus ca. 3 m Wassertiefe zeigt, dass das von oben in das Wasser eindringende Sonnenlicht lediglich innerhalb eines „Kreises“ von unten aus dem Wasser heraus gesehen wird. Begründe dies.

6 Teste dich!

Wenn du in dem Rätsel die gesuchten Begriffe richtig einträgst, bilden die grau unterlegten Kästchen senkrecht den Namen eines bekannten Tieres.

1 Medizinisches Gerät, mit dem man in das Körperinnere des Menschen schauen kann.
2 Gegenstand, der durch totalreflektiertes Licht funkelt.
3 Elektronischer Schalter am Auto, der den Scheibenwischer bei Bedarf einschaltet.
4 Phänomen, das auftritt, wenn der Einfallswinkel so klein ist, dass keine Totalreflexion stattfindet.
5 Bereich zwischen optisch dichten und optisch dünnen Medium.
6 Ursache, warum Licht in einem Glaskabel gefangen bleibt.

1
2
3
4
5
6

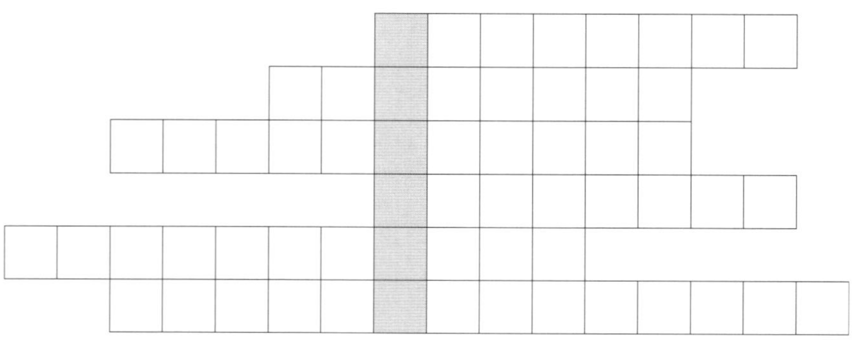

Optische Geräte

1 Die Sammellinse als Brennglas

a Die Brennwirkung einer Sammellinse kannst du an einem sonnigen Tag selbst gut ausprobieren: Du legst im Freien ein Blatt Papier auf eine nicht brennbare Unterlage, hältst die Linse (z. B. eine Leselupe) zuerst ganz nah über das Papier und entfernst es langsam immer weiter von diesem, wobei du darauf achten musst, dass das durch die Linse hindurch gehende Sonnenlicht immer auf das Blatt Papier fällt. Irgendwann wirst du es erreichen, dass das Sonnenlicht fast auf einen Punkt gebündelt auf das Papier fällt und dieses nach kurzer Einwirkzeit zum Kokeln, vielleicht sogar zum Brennen bringt. Daher nennt man eine solche Linse auch **Brennglas**.

Video 8

Auch ein Streichholz lässt sich auf diese Art und Weise schnell entzünden. Sieh dir dazu das Video *Entzünden eines Streichholzes* auf der Link-Seite der Stark-Homepage an und beantworte anhand der Beobachtungen folgende Fragen:

- Woran erkennt man, dass hier tatsächlich eine Sammellinse als Brennglas verwendet worden ist?
- Woran erkennt man, dass beim Entzünden des Streichholzes fast alles auf das Brennglas fallende Sonnenlicht auf den Streichholzkopf gebündelt wird?
- In der dritten Szene des Videos sieht man, dass sich nach dem Entzünden des Streichholzes rechts neben dem Schatten des oberen Streichholzendes auf dem Tisch „etwas“ bewegt. Um was handelt es sich hierbei?

Diese beiden Experimente veranschaulichen überzeugend, dass man immer vorsichtig sein muss, wenn sich Brennbares hinter einem gekrümmten Glas befindet.
Achtung! Da Ferngläser ähnliche Sammellinsen enthalten, darf man **nie(!)** durch ein Fernglas in die Sonne sehen: Die empfindliche Netzhaut der Augen wäre schlagartig verbrannt. Achte daher bei der Beobachtung einer Landschaft mit dem Fernglas immer darauf, dass die Sonne nicht zufällig in das Blickfeld des Glases gelangen kann!

b Es gibt auch optische Linsen, die die *Form* von Sammellinsen haben, aber keine sind. Auf der Farbtafel in Heftmitte findest du zwei Fotos von solchen „besonderen“ Sammellinsen (Bilder 24 und 25; sie unterscheiden sich nur in der Krümmung der Oberflächen voneinander): Stellt man eine dieser Linsen vollständig in Wasser, so bündelt sie das Licht nicht – wie es eine echte Sammellinse tut –, sondern zerstreut es. Erkläre, wie diese „Sammellinse“ aufgebaut sein muss.

Begründe anhand einer Skizze, warum das Licht von ihr zerstreut wird.

2 Mikroskop und Fernrohr

a Setze die folgenden Begriffe richtig in den Lückentext ein:

1° – 17,5° – kleinen – Lupe – Netzhaut – Objektiv – Okular – reelles Zwischenbild – umgekehrtes – vergrößert – vergrößertes

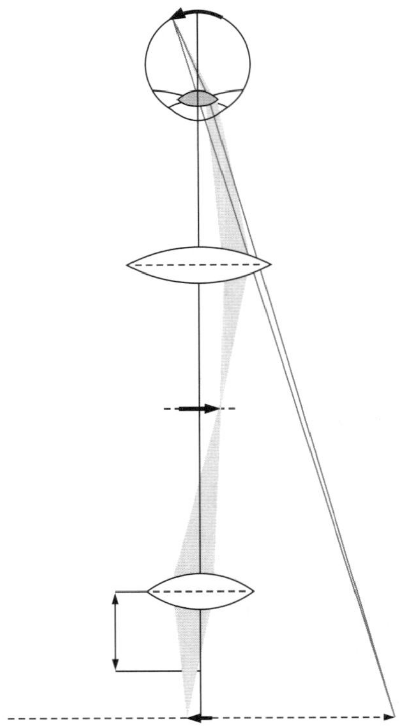

Die Abbildung rechts zeigt die prinzipielle Funktionsweise eines **Mikroskops**. Es besteht aus mindestens zwei Linsen: Oben befindet sich das ________________, unten das ________________.

Das Objektiv erzeugt von einem Gegenstand, der sich in der Nähe des Brennpunkts befindet, ein ________________, vergrößertes und ________________.

Dieses wird durch eine zweite Linse wie durch eine ________ betrachtet. Auf der ________________ entsteht ein stark ________________ Bild, das gegenüber dem Sehen mit bloßem Auge umgekehrt ist. Der Sehwinkel wird durch das Mikroskop stark ________________; er beträgt in der Skizze mit Mikroskop ______°, mit bloßem Auge wäre er nur ______° groß.

Der Gegenstand muss sich zwischen der einfachen und der doppelten Brennweite des Objektivs befinden, damit man ein vergrößertes Zwischenbild erhält. Damit das Mikroskop nicht zu lang und der Abbildungsmaßstab möglichst groß wird, benutzt man Objektive mit sehr ________________ Brennweiten.

b Mikroskop und Kepler-Fernrohr haben im Aufbau und in der Funktionsweise einige Gemeinsamkeiten, aber auch deutliche Unterschiede. Die folgende schematische Darstellung zeigt die Wege, die das Licht bei Betrachtung eines Gegenstands einmal mit bloßem Auge, einmal mithilfe eines **Kepler-Fernrohres** durchläuft.

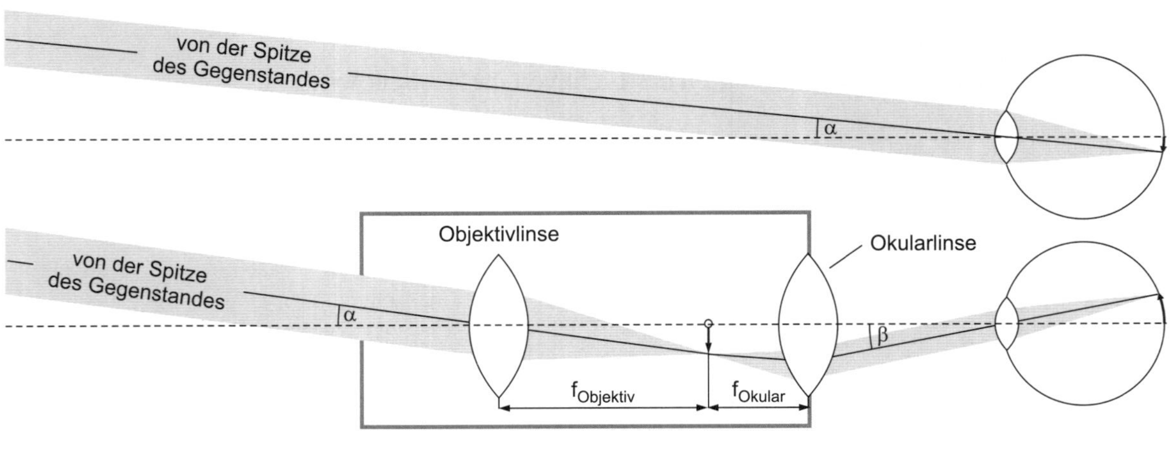

Vergleiche den Lichtweg des Kepler-Fernrohres mit demjenigen des Mikroskops aus der Teilaufgabe a und nenne die wesentlichen Gemeinsamkeiten und Unterschiede.

3 Fernglas

In der Aufgabe 1 „Die Sammellinse als Brennglas“ hast du erfahren, dass du **niemals** mit bloßen Augen direkt oder gar durch ein Fernglas in die Sonne schauen darfst; deine Augen würden sofort und irreparabel geschädigt. Das folgende einfache Experiment zeigt dir, wie du gefahrlos unsere Sonne beobachten kannst.

Wie auf den Fotos rechts zu sehen, baust du ein Prismenfernglas mithilfe eines Stativs auf, bewegst es langsam solange in Richtung der Sonne hin und her, bis du auf einer am Boden befestigten hellen Pappe ihr Bild sehen kannst. Die auf Bild 1 erkennbare Pappe dient dem Schattenwurf, um das Bild der Sonne auf der unteren Pappe (Bild 2) kontrastreicher sehen zu können. Bild 26 der Farbtafel in Heftmitte, das die Sonne mit Sonnenflecken zeigt, wurde mit dem abgebildeten Aufbau erstellt.

Bild 1

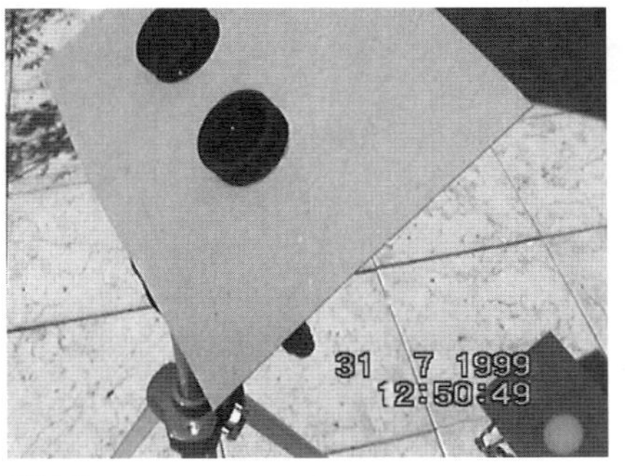

Bild 2

a Begründe, ob das Prismenfernglas auf die beschriebene Art und Weise ein aufrechtes und/oder seitenverkehrtes Bild der Sonne liefert.

b Als das Foto der Sonne mit den Sonnenflecken aufgenommen wurde (Farbtafel, Bild 26), konnte man beobachten, dass das Bild der Sonne innerhalb weniger Minuten ziemlich schnell von der Pappe wegwanderte. In welche Richtung verschwand es von der Pappe – und warum?

4 Aufbau eines Fotoapparats

Recherchiere im Internet den Aufbau eines Fotoapparats. Vergleiche die Bestandteile mit dem menschlichen Auge.

Auge	Fotoapparat	Funktion
	Gehäuse	
Aderhaut		
Hornhaut		
		lässt Licht ins Auge/in Kamera
	Blende	
	Objektiv	
Glaskörper		
	Film/Computerchip	
130 Millionen Sehzellen		

5 Funktion eines Fotoapparats

Sicher hast du schon einmal selbst Fotos mit einem Fotoapparat aufgenommen. Bei älteren Modellen (das Bild zeigt einen Fotoapparat von 1952) musste man die richtige Entfernung des Motivs von Hand einstellen, heute gelingt das zumeist automatisch, kann aber fast immer noch auch von Hand vorgenommen werden. Man weiß, dass je nach Stellung der Objektivlinse immer nur Gegenstände in einer bestimmten Entfernung scharf auf der Ebene des Films bzw. des lichtempfindlichen Chips abgebildet werden. Auf der Link-Seite der Stark-Homepage findest du einige Links zu Applets, mit denen du dir auf sehr anschauliche Weise klarmachen kannst, warum dies der Fall ist.

Die sogenannte **Linsengleichung** beschreibt den Zusammenhang zwischen der **Gegenstandsweite g** (= Entfernung des Gegenstands von der Linse), der **Bildweite b** (= Entfernung des Bildes von der Linse) und der **Brennweite f** der verwendeten Linse:

$$\frac{1}{f} = \frac{1}{g} + \frac{1}{b}$$

a Setze in die Lücken des Textes die Formelbuchstaben f, g, b sowie ein geeignetes Adjektiv ein:

Gegenstände, die sich in sehr großem Abstand vom Fotografen befinden, werden scharf abgebildet, wenn die Linse sich in der Entfernung ____ von der Filmebene befindet. Dies folgt aus der Linsengleichung, weil sich für sehr großes ____ ergibt: $\frac{1}{g} \approx 0$ und damit ___ ≈ ___. Verschiebt man die Objektivlinse ein wenig nach vorn, kann man Gegenstände abbilden, die sich ____________ am Fotoapparat befinden.

b Bei der Konstruktion eines Fotoapparates muss man selbstverständlich die Brennweite f der Linse vor dessen Fertigung berechnen. Nimm an, dass der Abstand zwischen Linse und Filmebene aufgrund der Gehäuseabmessungen konstruktionsbedingt höchstens zwischen 3,5 und 4,0 cm variiert werden kann.
Berechne den kleinsten Abstand, den das Motiv vom Objektiv haben darf, wenn es noch soeben scharf abgebildet werden soll.

c Erkundige dich, wie moderne Fotoapparate die richtige Entfernung „automatisch" einstellen können. Gib ein Verfahren mit eigenen Worten wieder.

6 Teste dich!

Wenn du in dem Rätsel die gesuchten Begriffe richtig einträgst, bilden die grau unterlegten Kästchen senkrecht den Namen eines wichtigen Bauteils der optischen Geräte.

1 Gerät, dass z. B. Sonnenlicht so stark bündelt, dass man damit ein Streichholz anzünden kann.

2 Teil des Fotoapparats, der für die Erzeugung des scharfen Bildes verantwortlich ist.

3 Gerät, mit dem man weit entfernte Gegenstände beobachten kann.

4 Dient zum Betrachten von winzigen Gegenständen.

5 Astronom, nach dem ein Fernrohr benannt wurde.

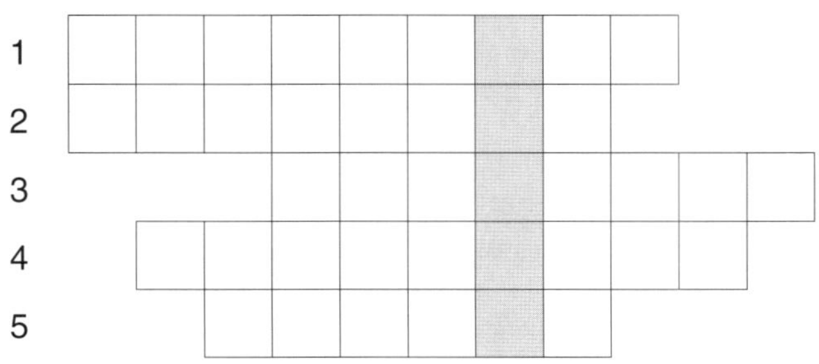

Farben – unsere bunte Welt aus Sicht der Physik

1 Farben verstärken sich – additive Farbmischung

a Mischt man Licht der drei Grundfarben **R**ot, **G**rün und **B**lau (RGB) in unterschiedlichen Intensitäten, so ist es möglich, praktisch alle für den Menschen wahrnehmbaren Farben zu erzeugen. Zunächst sollen nur Farben gleicher Intensität gemischt werden. Auf der Farbtafel in Heftmitte findest du ein Foto von einem Versuchsaufbau (Bild 29), bei dem rotes, grünes und blaues Licht gemischt wurde. Hierbei wurde eine Lampe verwendet, die drei Öffnungen hat: je eine nach vorne, zur linken und zur rechten Seite; vor jede Öffnung wurde jeweils ein anderer Farbfilter angebracht.

Gib an, Licht welcher Farben gemischt werden muss, damit die folgenden Farben entstehen:

Cyan:

Gelb:

Magenta:

Weiß:

b Auf der Farbtafel findest du einen Farbkreis und ein Farbdreieck (Bilder 27 und 28). Erkläre, wie man die Farbe des gemischten Lichts damit bestimmen kann.

Farbkreis:

Farbdreieck:

c Mithilfe des Farbdreiecks ist es relativ einfach, Farben unterschiedlicher Intensitäten zu mischen. Gib an, welche Farbe entsteht, wenn man grünes Licht mit rotem Licht der doppelten Intensität mischt. Beschreibe, wie du vorgegangen bist.

Im Internet findest du viele gute Applets, mit denen du die sogenannte **additive** und **subtraktive** (siehe Aufgabe 2) **Farbmischung** studieren kannst. Kontrolliere damit dein Ergebnis. (Einige der Adressen sind auf der Link-Seite der Stark-Homepage angegeben, weitere Links erhältst du über eine Suchmaschine: Suche mittels geeigneter Stichwörter wie „additiv“, „subtraktiv“, „Farbmischung“ oder „color mixing“ in Verbindung mit den Suchwörtern „applet“ oder „animation“.)

d Erläutere den wesentlichen Unterschied zwischen den Farben im Farbkreis bzw. auf dem Rand des Farbdreiecks und den Spektralfarben, die z. B. bei einem Regenbogen zu beobachten sind.

2 Farben schwächen sich – subtraktive Farbmischung

a Bild 30 der Farbtafel in Heftmitte zeigt ein Foto, bei dem der rechte Teil des Versuchsaufbaus der Aufgabe 1 a durch eine cyanfarbene Folie (Filter) fotografiert wurde.
Gib an, welche Farbe durch diese Folie herausgefiltert wird, und beschreibe die Positionen von Cyan und der herausgefilterten Farbe im Farbkreis.

____

____

Solche Farben heißen **Komplementärfarben**. Ein (optimaler) Farbfilter filtert immer die Komplementärfarbe heraus.

b Gib an, welche Farben durch einen gelben bzw. magentafarbenen Filter herausfiltert werden.

Gelb: ____

Magenta: ____

Male die beiden Fotos (vgl. Farbtafel, Bild 29) so an, wie sie beim Blick durch einen gelben bzw. magentafarbenen Filter aussehen würden.

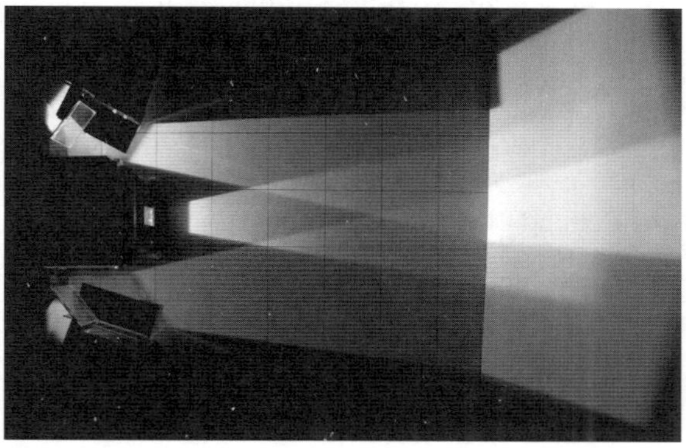

gelber Filter

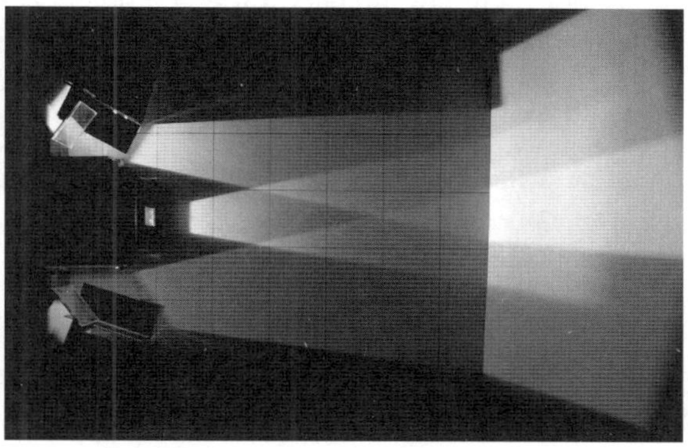

magentafarbener Filter

c Beschreibe und begründe, wie das Bild aussehen würde, wenn man es durch einen gelben und cyanfarbenen Filter, die hintereinander gestellt sind, betrachten würde.

____

____

____

3 Gegenstände im RGB-Modell betrachtet

Der Mechanismus der Farbmischung spielt in vielen Bereichen des täglichen Lebens eine wichtige Rolle.

a In einigen Farbtintenstrahldruckern gibt es für die Grundfarben einzelne Patronen, diese haben die Farben Gelb, Magenta und Cyan.

- Gib an, welche Art der Farbmischung hierbei genutzt wird.
- Beschreibe, welche Farbe von gelben, cyan- bzw. magentafarbenen Farbpartikeln absorbiert werden.
- Erkläre, wie man mit dem Tintenstrahldrucker die Farbe Orange erzeugen kann.

b Die beiden folgenden Beispiele demonstrieren die **additive** Farbmischung; die jeweiligen Links findest du auf der Link-Seite der Stark-Homepage.

Farbfernseher: Rufe das Kapitel „Farben und Farbfernsehen“ und den Folgeabschnitt „Farbverschmelzung“ des Physik-2000-Projekts auf. Lies den Text aufmerksam durch und experimentiere mit den Applets.

Pointillismus: Darunter versteht man einen Malstil, der Ende des 19. Jahrhunderts auch aufgrund von neueren Erkenntnissen aus der Farbenlehre entstand. Schaue dir einige dieser Bilder im Internet an.
Erkläre, wie beim Betrachter sowohl beim Fernsehbild als auch beim gemalten Bild im Stil des Pointillismus der Farbeindruck zustande kommt. Welche Bedingung muss der Betrachter in beiden Fällen erfüllen?

c Überprüfe die Aussagen des Physik-2000-Projekts zur Farbentstehung beim Farbfernseher (Teilaufgabe b):
Nimm eine Lupe und sieh damit einen eingeschalteten Fernsehbildschirm oder Computermonitor (gleichgültig ob mit Bildröhre oder Flachbildschirm ausgestattet) von ganz nahe an. Untersuche, wie sich die verschiedenen Farbflächen des Schirmbildes (braune Erde, gelbe Blume, verschiedene farbige Flächen beim Videotext …) aus den Grundfarben zusammensetzen.

d Experimentiere intensiv mit den Applets zur additiven und subtraktiven Farbmischung (siehe Aufgabe 1 c) und ergänze folgende Tabelle:

Auftreffendes Licht	Gegenstand	Farbeindruck	Auftreffendes Licht	Gegenstand	Farbeindruck
Rot, Grün und Blau	weißes Blatt Papier		Rot und Blau	(grüner) Apfel	
Rot und Grün	weißes Blatt Papier		Grün	(grüner) Apfel	
Grün und Blau	weißes Blatt Papier		Rot, Grün und Blau	(grüner) Apfel	
Rot, Grün und Blau	(rote) Möhre		Rot und Blau	(gelbe) Banane	
Blau	(rote) Möhre		Rot und Grün	(gelbe) Banane	
Rot und Grün	(rote) Möhre		Grün und Blau	(gelbe) Banane	

4 Das Sonnenlicht – ein kontinuierliches Spektrum

Besonders leuchtende Farben erhält man, wenn man mit einem Prisma das Licht unserer Sonne in seine Farben zerlegt.

Halte bei Sonnenschein einige Gegenstände aus Glas (z. B. geschliffene Gläser, Ränder von Spiegeln) in das Sonnenlicht und prüfe, ob du im weiteren Verlauf der Lichtstrahlen Farben auf einer weißen Wand entdecken kannst.
Notiere in ihrer Reihenfolge alle Farben, die du beobachtest.
Vergleiche mit einer bekannten Naturerscheinung.

5 Farbwahrnehmung und Farbblindheit

a Erkundige dich im Internet anhand des Stichworts „Ishihara" über Farbwahrnehmungsstörungen. Die zugehörigen Farbtafeln, mit denen du dich selbst auf Farbfehlsichtigkeit prüfen kannst, sind ebenfalls im Internet leicht zugänglich (ein Beispiel findest du auf der Link-Seite der Stark-Homepage). Führe einen Selbsttest durch.

Beachte: Onlinetests zu Gesundheitsfragen beim Menschen sind grundsätzlich unverbindlich und mit gebührender Vorsicht zu genießen. Eine korrekte Diagnose kann nur ein Facharzt erstellen.

b Mithilfe des folgenden Versuchs kann man einerseits bestätigen, dass unsere Augen drei verschiedene Farbempfänger für Rot, Grün und Blau aufweisen, und andererseits prüfen, inwieweit verschiedene Personen Farben und Farbunterschiede unterschiedlich gut oder ggf. sogar fehlerhaft wahrnehmen. Damit die Versuchsergebnisse aussagekräftig sind, müssen möglichst viele „Freiwillige" sich als Probanden zur Verfügung stellen. Am besten ist es, wenn jeder von eurer Klasse den Versuch an einer anderen Gruppe von Testpersonen an eurer Schule durchführt und ihr anschließend alle Ergebnisse gemeinsam auswertet.

Du kannst den Test auch mithilfe des Programms „Farbwahrnehmung" durchführen, das du von der Link-Seite der Stark-Homepage herunterladen kannst.

Versuchsdurchführung:

- Verdecke auf einem matten Schirm den größten Teil des kontinuierlichen (Sonnen-)Spektrums (Bild 31 auf der Farbtafel im Mittelteil) und gib dem Probanden lediglich einen kleinen, zunächst sehr schmalen Ausschnitt des Spektrums zur Beobachtung frei. Er erscheint ihm in praktisch vollkommen einheitlicher Farbe.
- Verbreitere den Ausschnitt dann so weit, bis der Proband meint, erstmals Farbunterschiede zwischen dem linken und rechten Rand des Ausschnitts wahrzunehmen.
- Notiere diese Spaltbreite s und die zugehörige Lage der Farbe im Spektrum.
- Wiederhole dieses Experiment an hinreichend vielen Stellen im gesamten Spektrum (ca. 15 Positionen).

Versuchsauswertung (siehe Abbildung):

- Erstelle eine Koordinatensystem, indem auf der Rechtsachse die Farben des Spektrums angeordnet sind; die Hochachse gibt die Spaltbreite s wieder.
- Trage für jeden Probanden den ermittelten s-Wert über der Position der jeweiligen Farbe auf.

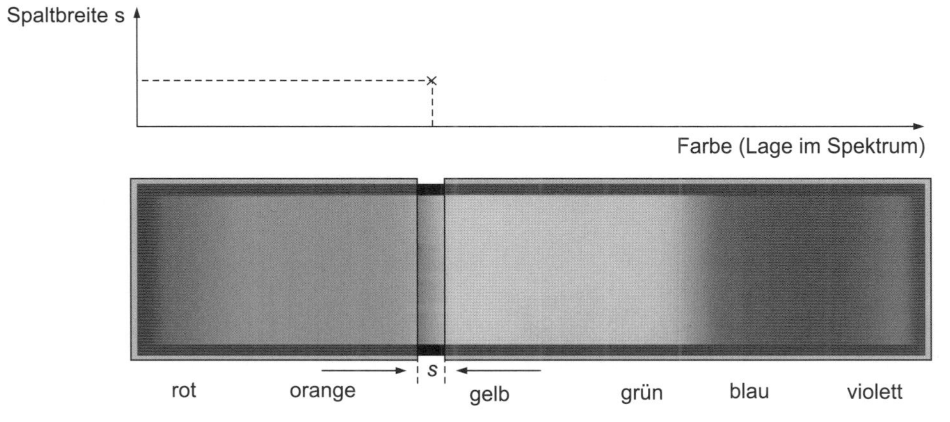

- Beschreibe den (möglicherweise unterschiedlichen) Verlauf der Kurve für die verschiedenen Probanden.

- Die Kurven haben bei Normalsichtigen typischerweise zwei deutliche Tiefpunkte (zwei „Täler“), einen im gelben Bereich und einen im Bereich zwischen grün und blau. Begründe, warum dies ein Indiz für die Existenz der drei oben genannten Farbempfänger ist.
- Bei knapp 10 % aller männlichen und knapp 1 % der weiblichen Probanden stellt man fest, dass das „Tal“ zwischen dem grünen und dem blauen Bereich nicht ausgeprägt ist, dann oft sogar ganz fehlt. Worauf lässt das schließen?

Hinweis: Über die vielfältig unterschiedliche Form der Farbwahrnehmung hinaus gibt es weitere, teilweise wahrlich verblüffende Bilder mit visuellen Effekten: Auf der Link-Seite der Stark-Homepage findest du einen Link zu einer sehr schönen Internetseite mit vielen optischen Täuschungen – Ansehen lohnt!

6 Teste dich!

Folge dem Link auf der Stark-Homepage und schaue dir die dort abgebildeten Farbscheiben an, wenn sie langsam und wenn sie schnell rotieren.

Erkläre, wie die unterschiedlichen Farbeindrücke beim langsamen bzw. schnellen Rotieren entstehen.

Langsames Rotieren: ______________________________

____

Schnelles Rotieren: ______________________________

____

____

Bastelvorschlag: Du kannst dir solche Farbscheiben auch selber bauen. Gehe folgendermaßen vor:

- Zeichne hierzu einen Kreis mit einem Durchmesser von ca. 10 cm auf ein Stück weißen Karton.
- Unterteile den Kreis mit einem Geodreieck in z. B. acht gleich große Segmente und male diese abwechselnd in den Farben an, die du mischen möchtest.
- Die Scheibe kannst du einfach zum schnellen Rotieren bringen, indem du in die Mitte der Scheibe ein Loch bohrst, in das gerade ein sehr spitzer Bleistift passt, sodass ein Kreisel entsteht (Bild 1).
- Alternativ kannst du auch nahe der Mitte durch zwei kleine Löcher einen Bindfaden ziehen und zusammenknoten, sodass dieser eine Schlaufe ergibt (Bild 2).
- Wenn du die Schnur an beiden Enden festhältst und die Scheibe leicht drehst, so kannst du durch rhythmisches Ziehen und Entspannen an den Schnurenden die Scheibe in schnelle Rotation versetzen.

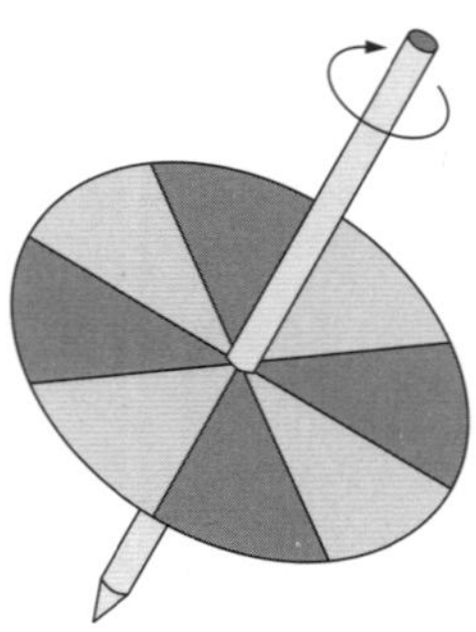

Bild 1

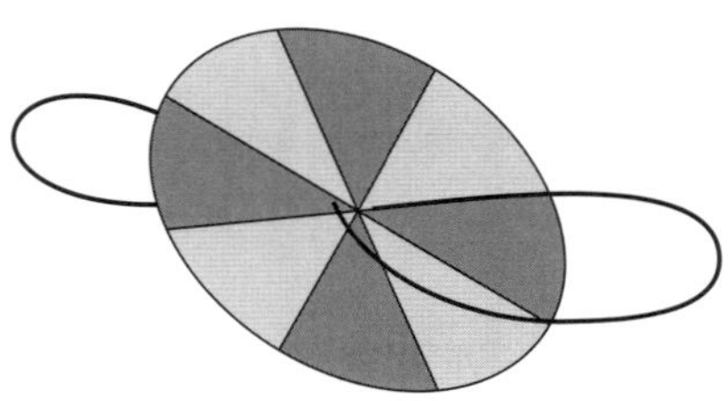

Bild 2

NORDRHEIN-WESTFALEN

LÖSUNGSHEFT

Physik 7.–9. Klasse

Optik

STARK

Zauberhafte Optik

1 a) Wenn der Stift nach rechts bewegt wird, so bewegt sich sein Spiegelbild nach **rechts**.
Wenn du den Stift von dir weg bewegst, so bewegt sich sein Spiegelbild **auf dich zu**.
Wenn du den Stift nach oben abhebst, so bewegt sich sein Spiegelbild **nach oben**.

b) Das Spiegelbild des Pfeils, der nach rechts weist, zeigt nach **rechts**.
Das Spiegelbild des Pfeils, der auf dich weist, zeigt **von dir weg**.

c) *Beschreibung:* Das Spiegelbild hat den Punkt an seiner linken Hand. Diese befindet sich rechts im Spiegel.

Erklärung: Weil der Spiegel „vorne“ und „hinten“ vertauscht, ist das Spiegelbild der Person bzgl. der Person selbst um 180° gedreht. Man denkt sich in die Person „hinter dem Spiegel“ hinein, sodass wegen der 180°-Drehung „links“ und „rechts“ – scheinbar – vertauscht sind.

2 a) *Effekt:* Die Aufschrift „Hate“ auf dem T-Shirt ergibt im Spiegel das Wort „Love“.

Erklärung: Indem der Spiegel „vorne“ und „hinten“ vertauscht, kehrt sich die Richtung der Buchstaben um, sodass wegen der „geeignet“ gewählten Schreibschrift aus dem „te“ von Hate das „L“ von Love wird usw.

b) Der Effekt bleibt gleich: Auch jetzt wird aus „Love“ das Wort „Hate“ – oder umgekehrt.

c)

d) Nach zweimaligem Spiegeln entsteht wieder das Original. Wenn man zweimal „vorne“ und „hinten“ vertauscht, liegt wieder die Ausgangssituation vor.

e) Mit der Hand, mit der man üblicherweise nicht schreibt, schreibt man das Wort spiegelverkehrt auf. Es ist durchaus einigermaßen gut lesbar.

3 a) Wenn Licht nicht senkrecht auf einen Spiegel fällt, wird es nicht in die Ausgangsrichtung zurück reflektiert.

b) **Bild 1**

Konstruktion: siehe Bild rechts.

Beschreibung des Strahlenverlaufs: Die reflektierten Strahlen verlaufen parallel und seitlich versetzt zu den einfallenden Strahlen.

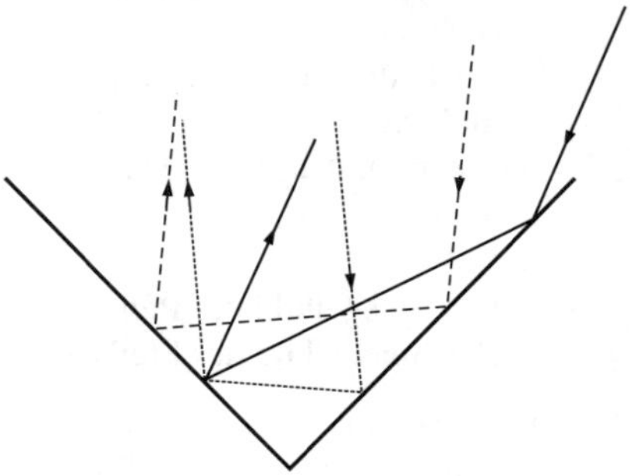

Bild 2

Trifft ein Lichtstrahl auf den unteren der beiden Spiegel, wird seine Komponente, die **senkrecht** auf den Spiegel trifft, umgedreht, die andere, die **parallel** zum Spiegel ankommt, bleibt unbeeinflusst. Bei der zweiten Reflexion ist diese andere Komponente diejenige, die jetzt **umgedreht** wird, während die erste die Richtung beibehält. Daher kehren sich insgesamt beide Komponenten um, sodass der Lichtstrahl, seitlich **parallel** zum ankommenden Strahl versetzt, in die ursprüngliche Richtung zurückgeworfen wird.

c) Da sich das Licht nicht nur in einer Ebene ausbreitet sondern im Raum (also in drei Dimensionen), muss man die Richtung in drei senkrecht zueinander stehende Komponenten zerlegen. Somit braucht man einen dritten Spiegel, der auch noch die dritte Komponente umkehrt.

4 a)

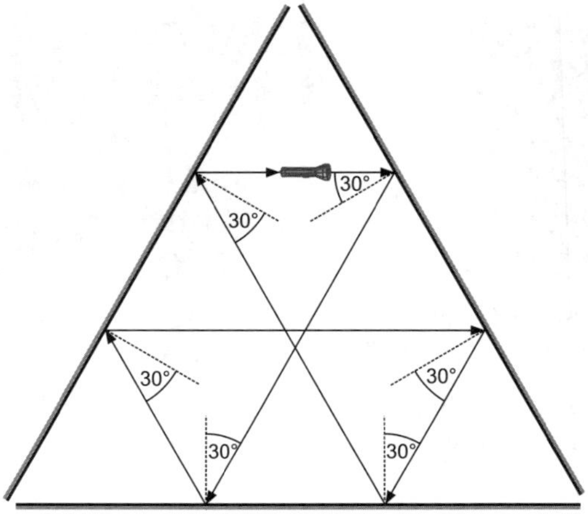

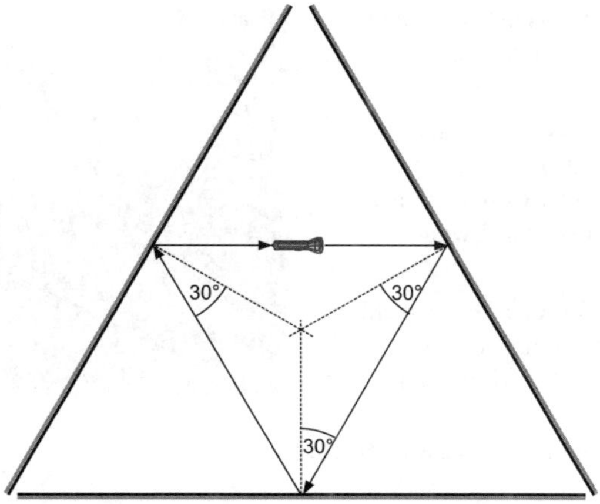

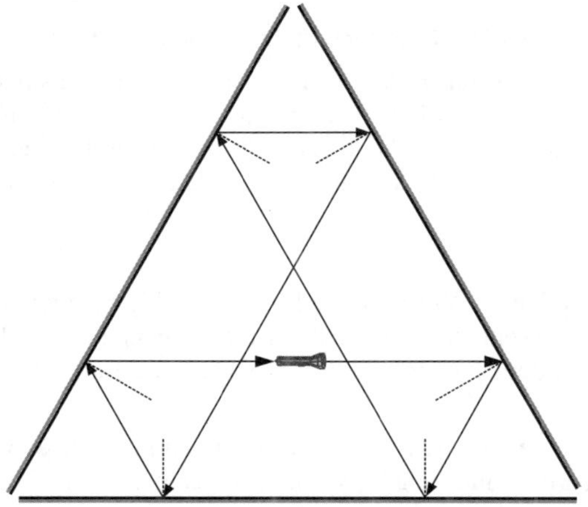

Das Licht kehrt nach mehrmaliger Reflexion wieder in seiner ursprünglichen Richtung an seinen Ausgangsort zurück. Bei der mittig positionierten Lampe ist dies bereits nach dreimaliger Reflexion der Fall, bei den beiden anderen nach sechs Reflexionen.

b) Man sieht seinen Rücken. Das von dort ausgehende Licht nimmt genau den entgegengesetzten Weg des oben skizzierten Lichtstrahls und gelangt so ins Auge.

c) Das Spiegelbild bewegt sich nach hinten, es „geht" praktisch in die Richtung des Betrachters nach vorne weg.

d) **Anzahl der realen Löwenskulpturen:** Nur die beiden eingekreisten Löwenskulpturen sind real vorhanden.

Winkel: Der Winkel zwischen den Seitenspiegeln beträgt 60°. Mit den dadurch bedingten Reflexionen sieht man dann insgesamt sechs Löwenpaare.

Verkleinern des Winkels: Die Anzahl der Spiegelungen und damit die Anzahl der virtuellen Bilder erhöht sich.

5 Die Münze wird mit steigendem Wasserspiegel sichtbar.

6 **Glasstab**

Beobachtung: Das untere Ende des Glasstabs im Öl ist nicht sichtbar.

Erklärung: Glas und Öl haben einen nahezu identischen Brechungsindex, d. h. sie haben das gleiche Brechungsverhalten für Licht. Somit existiert im Prinzip keine optische Grenzschicht zwischen dem Öl und dem Glasstab, an der das Licht reflektiert oder gebrochen würde, sodass der Glasstab im Öl unsichtbar bleibt.

Glasröhrchen

Beobachtung: Bei diesem Video kann man die Luft im hohlen Inneren des in das Öl getauchten Röhrchens erkennen. Hierzu hat der Experimentator das obere Ende des Glasröhrchens mit dem Finger zugehalten, sodass die Luft nicht entweichen konnte.

Erklärung: Die Luftsäule ist sichtbar, weil sich die Brechungsindizes von Glas (bzw. Öl) und Luft deutlich unterscheiden und das Licht an der Grenzfläche Glas–Luft reflektiert oder auch gebrochen wird.

7

	richtig	falsch
a) Beim Spiegelbild werden „oben“ und „unten“ vertauscht.	☐	☒
b) Bei der Reflexion von Licht an glatten, ebenen Flächen ist der Reflexionswinkel genauso groß wie der Einfallswinkel.	☒	☐
c) Der Reflexionswinkel gibt den Winkel zwischen reflektierten Lichtstrahl und Spiegel an.	☐	☒

	richtig	falsch
d) Beim Übergang von einem optischen dünneren zu einem optisch dichteren Medium wird ein Lichtstrahl zum Einfallslot hin gebrochen.	☒	☐
e) Totalreflexion kann nur beim Übergang von einem optisch dünneren in einen optisch dichteren Stoff stattfinden.	☐	☒
f) Lichtstrahlen werden am 90°-Winkelspiegel in die gleiche Richtung reflektiert, aus der sie kommen.	☒	☐

Korrigierte Aussagen:

a) Beim Spiegelbild werden „vorne" und „hinten" vertauscht.

c) Sowohl der Einfalls- als auch der Reflexionswinkel werden zwischen Strahl und Lot gemessen.

e) Totalreflexion kann nur beim Übergang von einem optisch dichteren in einen optisch dünneren Stoff stattfinden.

Kleine Lichtspiele auf der Erde und am Himmel

1 Sonnenuntergang an den Nordsee; Sonnenaufgang am Mittelmeer.

Ort / Durchmesser	Norderney (Bild 4)	Mittelmeer (Bild 5)
horizontal	4,0 mm	19 mm
vertikal	2,5 mm	16 mm

Beim Foto der Sonne am Mittelmeer ist die Sonnenscheibe etwa 1,2-mal so breit wie hoch, beim Foto der Sonne an der Nordsee ist sie sogar etwa 1,6-mal so breit wie hoch.

Erklärung: Die Sonnenstrahlen werden beim Durchgang durch die Erdatmosphäre je nach Einfallswinkel unterschiedlich stark gebrochen: Je flacher sie einfallen, desto stärker die Ablenkung. Weil die „oberen" Sonnenstrahlen flacher einfallen als die „unteren", werden sie stärker gebrochen: Die Sonnenscheibe erscheint abgeflacht.

2 a) Der Durchmesser der Sonne wird von allen Orten auf der Erde immer als gleich groß gemessen, da sie zu allen Orten (praktisch) denselben Abstand hat. Veränderungen in der Größe sind daher lediglich scheinbare Veränderungen und müssen andere (optische wie auch wahrnehmungsphysiologische) Gründe haben.

b) Der Sehwinkel hängt von der **Größe** und der **Entfernung** des Gegenstands zum **Auge** ab. In Bild 1 sieht man, dass ein gleich großer Gegenstand bei **größerer** Entfernung unter einem **kleineren** Winkel wahrgenommen wird als der nicht so weit entfernte Gegenstand. Bild 2 zeigt, dass ein **kleiner** Gegenstand bei **gleicher** Entfernung unter einem kleineren Sehwinkel wahrgenommen wird als ein **großer** Gegenstand.
Im Alltag hilft uns unsere Erfahrung, die Größe vieler Gegenstände richtig einzuschätzen. Nehmen wir einen bekannten großen Gegenstand unter einem **kleinen** Sehwinkel wahr, so schließen wir automatisch auf eine **große** Entfernung. Sehen wir etwas in bekannter Entfernung, die wir aufgrund von anderen Marken in der Landschaft abschätzen können, so können wir aufgrund des Sehwinkels die **Größe** des Gegenstands abschätzen.

c) **Gleicher Sehwinkel:** Die Größe der Sonne verändert sich nicht, genauso ist die Entfernung der Sonne zur Erde (annähernd) identisch, unabhängig davon ob sie am Horizont oder Zenit zu beobachten ist. Da Größe und Entfernung des beobachten Gegenstands gleich sind, beobachtet man die Sonne unter demselben Sehwinkel.

Warum die Sonne größer erscheint: Wie eben begründet, wird die Sonne real unter demselben Sehwinkel beobachtet. Der Mensch denkt aber, dass die Sonne am Horizont weiter entfernt ist als am Zenit. Bei gleichem Sehwinkel, aber (scheinbar) größerer Entfernung schließt der Mensch, dass der Gegenstand größer ist.

d) Der „hinterste“ Mensch erscheint am größten. Das Nachmessen zeigt, dass alle gleich groß sind.
Durch die perspektivischen Fluchtlinien im Bild erscheint der rechte Mensch weiter entfernt. Bei gleichem Sehwinkel und größerer Entfernung schließt das Gehirn, dass das Objekt größer ist.

3 a) **Programmteil „Strahlengang“**
Beim Auftreffen auf die Oberfläche des Wassertropfens wird ein Teil des roten Lichts reflektiert, der andere wird gebrochen und tritt in den Wassertropfen ein. An der Rückseite und beim Austreten geschieht dasselbe, ein Teil des roten Lichts wird reflektiert und bleibt dadurch im Wassertropfen, ein Teil wird gebrochen und tritt wieder aus dem Wassertropfen heraus.
Für die Entstehung des Regenbogens sind die Brechung beim Auftreffen auf die erste Oberfläche und auf die dritte Grenzfläche sowie die Reflexion an der Rückseite entscheidend; beide optischen Erscheinungen bewirken, dass das Licht hauptsächlich unter einem bestimmten Winkel zurückgeworfen wird. Um in Richtung dieses Winkels blicken zu können, muss man die Sonne im Rücken haben.

Programmteil „Spektralzerlegung“
Weißes Licht besteht aus allen Spektralfarben („Regenbogenfarben“). Die Strahlen zu den verschiedenen Farben werden leicht unterschiedlich stark gebrochen (Fachbegriff: „Dispersion“), sodass sie aufgefächert werden und als nebeneinander liegende Farbstreifen im Regenbogen zu beobachten sind.

Programmteil „Regenbogenwinkel“
Fällt in die obere Hälfte des Tropfens Licht, so erkennt man, dass nicht alle Bereiche des Tropfens durch das einfallende und dem im Tropfen reflektierten Licht ausgeleuchtet werden. Betrachtet man den Winkel, den ein einfallender mit dem nach unten austretenden Lichtstrahl bildet, so existiert ein maximaler Ablenkwinkel. Diesen Winkel bezeichnet man als Regenbogenwinkel. Der Lichtstrahl, der den Wassertropfen unter dem Regenbogenwinkel verlässt, wird als Grenzstrahl bezeichnet. Man erkennt, dass die austretenden Lichtstrahlen in der Nähe des Grenzstrahls gebündelt werden. Das heißt, ihre Dichte ist in diesem Bereich am größten, das gestreute Licht dort am intensivsten. Die entsprechende Farbe des Regenbogens erscheint genau dort, wo die Intensität des gestreuten Lichts am höchsten ist, also unter dem Regenbogenwinkel.
Regenbogenwinkel für die Hauptfarben blau (450), grün (500), gelb (580), orange (650) und rot (700):

Farbe	blau	grün	gelb	orange	rot
Winkel	41° 08'	41° 34'	42° 01'	42° 19'	42° 28'

Programmteil „Bogen“
Der Programmteil „Regenbogenwinkel“ hat gezeigt, dass die Grenzstrahlen der verschiedenen Farben unter einem Winkel von 41°–42° zu beobachten sind. Es gibt unendlich viele Linien, die mit der festen Beobachtungsrichtung des Betrachters einen Winkel von 42° bilden, diese bilden zusammen einen Kegel. Die Grundfläche eines Kegels ist ein Kreis, sodass der Regenbogen kreisförmig ist.

b) **Reihenfolge der Farben von links nach rechts**
Nebenregenbogen: Violett, Blau, Grün, Gelb, Orange, Rot
Hauptregenbogen: Rot, Orange, Gelb, Grün, Blau, Violett

Entstehung des Nebenregenbogens
Der Nebenregenbogen kommt durch zweifache Reflexion innerhalb der Regentropfen zustande. Weil mit jeder Reflexion sich der Farbverlauf umkehrt, sind seine Farben gegenüber dem Hauptregenbogen umgekehrt angeordnet. Weil das Licht jeweils nur teilweise reflektiert wird und zudem dabei spektral stärker aufgefächert wird als beim Hauptbogen, verliert der Lichtstrahl mit jeder Reflexion an Intensität. Daher ist der Nebenbogen nur bei sehr guten Lichtverhältnissen beobachtbar.

c) Die Sonne befand sich im Rücken des Filmers bzw. des Fotografen.

d) Der auf der Erde sichtbare Hauptregenbogen wird durch die in der oberen Hälfte der Regentropfen eintreffenden Sonnenstrahlen erzeugt (vgl. Simulation mit „Rainbow"). Die (stets vorhandenen) reflektierten Strahlen aus der unteren Hälfte sind erst aus einer gewissen Höhe über der Erdoberfläche zu sehen, also etwa während eines Fluges: Sie stammen aus den Tropfen, die sich unterhalb des Flugzeugs befinden.

4 *Beobachtung:* Das weiße Licht, welches durch das Glas auf das weiße Blatt Papier trifft, wird langsam orange-rot. Die Milchlösung erscheint zunehmend blaugrau.

a) Luft: **Wasser mit Milch**
Sonne: **Papier**

b) *Blauer Himmel:* An den Luftmolekülen wird der blaue Anteil des weißen Sonnenlichts besonders stark gestreut. So wird der blaue Anteil des weißen Sonnenlichts von allen Orten am Himmel in das Auge eines Beobachters auf der Erde gestreut.

Abendrot: Da die Sonne abends sehr tief steht, legen dann die Sonnenstrahlen einen besonders langen Weg durch die Erdatmosphäre zurück. Dabei wird sehr viel von dem blauen Licht sowie auch ein Teil des grünen Lichts in alle Richtungen gestreut und ins Auge gelangt vor allem das rote Licht.

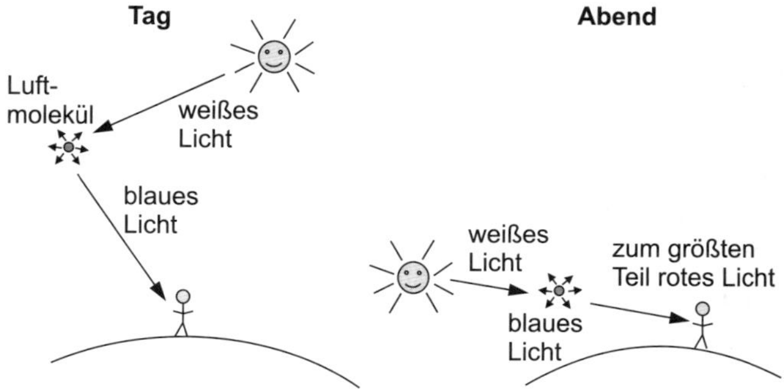

Hinweis: Eine sehr umfassende Erklärung bieten die SWR-Wissen-Seiten im Internet, siehe Link-Seite der Stark-Homepage.

5 a) Der Schatten der Erde ist immer kreisförmig, d. h.: Bei einem Halbmond dürfte die Grenze zwischen heller und dunkler Seite nicht geradlinig verlaufen, sondern müsste gebogen sein. Noch deutlicher ist dies bei einem Dreiviertelmond, wie es die Bilder bei der Aufgabe 6 „Die Mondfinsternis" verdeutlichen.

b)

	richtig	falsch
Man kann tagsüber nie den Mond sehen – man sieht ihn nur, wenn die Sonne unter dem Horizont verschwunden oder noch nicht aufgegangen ist.	☐	☒
Wenn Vollmond ist, kann man den Mond in unseren Breitengraden nur bei völliger Dunkelheit sehen, nicht aber dann, wenn die Sonne noch deutlich über dem Horizont steht.	☒	☐
Der Halbmond kann auch nachmittags beobachtet werden.	☒	☐
Wenn man den Halbmond um Mitternacht beobachtet, dann steht er hoch am Himmel.	☐	☒
Die meisten Stunden in der Nacht ist der Mond dann zu beobachten, wenn er als Vollmond erscheint.	☒	☐
Menschen in Australien sehen dann den Vollmond, wenn er für uns in Europa als Neumond erscheint.	☐	☒
Bei Halbmond stehen Sonne, Erde und Mond ungefähr im rechten Winkel zueinander.	☒	☐
Bei Vollmond stehen Sonne, Erde und Mond ungefähr im rechten Winkel zueinander.	☐	☒
Bei Neumond steht der Mond ungefähr zwischen Erde und Sonne.	☒	☐
Dass der Mond der Erde immer dieselbe Seite zuwendet, ist ein Argument dafür, dass er sich nicht wie die Erde um seine Achse dreht.	☐	☒

c) Der (Voll-)Mond hat keinen Einfluss auf die Wetterlage.
Eine mögliche Ursache für die falsche Annahme könnte darin bestehen, dass bei Vollmond (und Neumond) die Gezeiten besonders stark sind, da aufgrund der Anordnung von Mond–Erde–Sonne (auf einer Linie) die Anziehungskräfte besonders groß bzw. klein sind. Wenn der Einfluss auf die Meere der Erde besonders groß ist – so das Argument –, dann könne der Einfluss auf die Lufthülle und damit der Einfluss auf das Wetter ebenfalls sehr groß sein. Dass dies nicht der Fall ist, kann man schon daran beobachten, dass sich das Wetter nicht an allen Orten der Erde gleichzeitig ändert – und der Vollmond ist von allen Orten der Erde am selben Tag zu sehen.

d) Die dunkle Hälfte des Mondes kann auch bei Halbmond dann sichtbar sein, wenn von der Erde genügend viel Sonnenlicht zum Mond gestreut wird.

6 a) Neumond liegt dann vor, wenn wir von der Erde aus die der Erde zugewandte, aber dann unbeleuchtete Mondhälfte sehen; der Mond befindet sich dann zwischen Erde und Sonne (und es könnte unter günstigen Umständen sogar eine Sonnenfinsternis eintreten). Eine Mondfinsternis tritt dann auf, wenn der Mond, von der Sonne aus gesehen, genau „hinter" der Erde, also in ihrem Schatten liegt.

b) Das linke Bild zeigt den Mond in seiner Dreiviertelphase, das rechte Bild zeigt ihn beim Eintreten in das Kernschattengebiet der Erde „links" von ihm. Für die richtige Zuordnung der Bilder ist die – jeweils unterschiedliche – Krümmung der Hell-Dunkel-Grenze entscheidend.

c) Auch wenn sich der Mond im Kernschattenbereich der Erde befindet, gelangen solche Sonnenstrahlen zu ihm hin, die in der Erdatmosphäre so gebrochen bzw. gestreut werden, dass sie in den Schattenbereich der Erde hinein verlaufen und somit auch auf die Mondoberfläche auftreffen können. Die Intensität ist dabei von der Dichte der Wolkendecke abhängig.

7 a) Eine partielle Sonnenfinsternis („SoFi") tritt auf, wenn die Mondscheibe die Sonnenscheibe nicht vollständig verdeckt: der Beobachter befindet sich nicht im **Kernschatten** des Mondes.
Bei totalen SoFis verdeckt die Mondscheibe die Sonnenscheibe vollends: der Beobachter befindet sich im **Kernschatten** des Mondes.
Eine ringförmige SoFi entsteht, wenn der **Abstand des Mondes von der Erde** so groß ist, dass die sichtbare Mondscheibe so klein erscheint, dass sie die Sonnenscheibe nicht vollständig zu verdecken vermag: Es bleibt dann ein kleiner sichtbarer Sonnenkranz um die Mondscheibe sichtbar, es gibt keinen **Kernschatten**.
Obwohl der Mond nach fast einem Monat jeweils zwischen Erde und Sonne steht, gibt es aufgrund der **Neigung der Mondbahnebene gegenüber der Erdbahnebene** bei deren Drehung um die Sonne nur gelegentlich die Situation, dass Sonne, Mond und Erde exakt auf einer Linie stehen.

b) Eine totale SoFi kann bis knapp 10 Minuten dauern (meist ist sie deutlich kürzer). Der Grund dafür liegt in der unterschiedlichen Entfernung des Mondes von der Erde und der damit verbundenen unterschiedlichen Größe des Schattendurchmessers auf der Erde.

c) Die Zahl, die am Ende einer Linie des „schlauchförmigen" Gebildes angegebenen ist, entspricht dem Verdeckungsgrad der Sonne.
In **Moskau** und **Teheran** wird die Sonne nur zu einem Teil verdeckt sein (partielle SoFi), in **Kairo** hingegen vollständig (totale SoFi). In **Europa** kommt nur der südliche „Zipfel" von Spanien für die Beobachtung der Totalität in Betracht (aber dort nur recht kurz). In der Nähe von **Luxor** wird das Maximum der Finsternis zu beobachten sein (sehr günstiger Beobachtungsort).

d) Die Korona ist die Sonnenatmosphäre. Sie ist im Vergleich zur Sonnenoberfläche sehr lichtschwach (vergleichbar dem Vollmond) und wird von dieser überstrahlt. Nur bei einer totalen Sonnenfinsternis ist sie sichtbar; dann können sogar Protuberanzen (Ausbrüche von Sonnenmaterie aus der Sonnenoberfläche) mit bloßem Auge wahrgenommen werden.

8

A	Y	O	S	P	E	K	T	R	A	L	F	A	R	B	E
B	H	A	L	B	M	O	N	D	B	R	S	H	Y	J	H
E	L	J	W	O	O	J	B	G	E	S	V	I	F	E	C
N	W	L	P	F	N	I	M	O	N	E	D	M	D	G	N
D	P	W	X	A	D	K	S	N	D	E	R	M	N	S	C
B	S	C	F	F	F	Q	K	T	R	W	E	E	E	S	M
R	L	D	Z	M	I	R	Y	L	O	I	G	L	U	N	O
O	B	O	L	D	N	J	G	H	T	N	E	S	M	O	N
T	O	L	X	D	S	N	D	O	V	K	N	B	O	R	D
S	P	E	C	K	T	R	U	M	M	E	B	L	N	U	P
T	U	D	I	F	E	E	Z	F	Y	L	O	A	D	Z	H
S	P	E	K	T	R	U	M	N	K	V	G	U	E	J	A
S	O	N	N	E	N	F	I	N	S	T	E	R	N	I	S
R	S	E	H	W	I	N	K	E	L	Q	N	D	L	U	E
X	Y	H	B	G	S	M	X	I	D	B	Z	Z	D	D	F
S	O	N	N	E	N	U	N	T	E	R	G	A	N	G	T

Was Augen alles sehen

1 a) Die Pupille wird durch die Lochblende dargestellt, die Netzhaut durch den Schirm.

b) Die Perl-Eins steht auf dem Kopf und ist seitenverkehrt.

c) Bildkonstruktion:

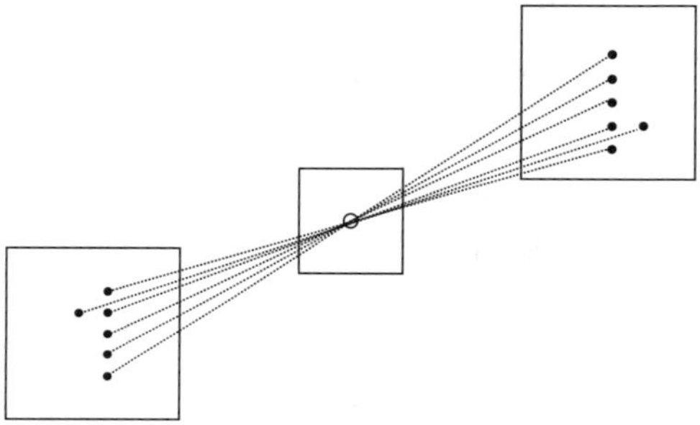

d) Die Punkte werden heller und größer, wodurch das Bild unschärfer wird.

e) Das Bild ist entweder sehr dunkel (kleines Loch) oder unscharf (großes Loch). Beim Linsenauge kann auch bei einem großen Loch ein scharfes Bild erzeugt werden.

2 Die Lederhaut **ist die schützende Hülle des Auges.**

Die Aderhaut **sorgt für die Durchblutung und die Versorgung mit Nährstoffen**.

Die Hornhaut **deckt Pupille und Iris ab und lässt Licht in das Auge**.

Die Pupille **lässt Licht ins Auge einfallen**.

Die Iris **vergrößert oder verkleinert die Pupille je nach Lichtstärke**.

Die Linse **erzeugt ein scharfes Bild auf der Netzhaut**.

Der Glaskörper **füllt das Innere des Auges aus**.

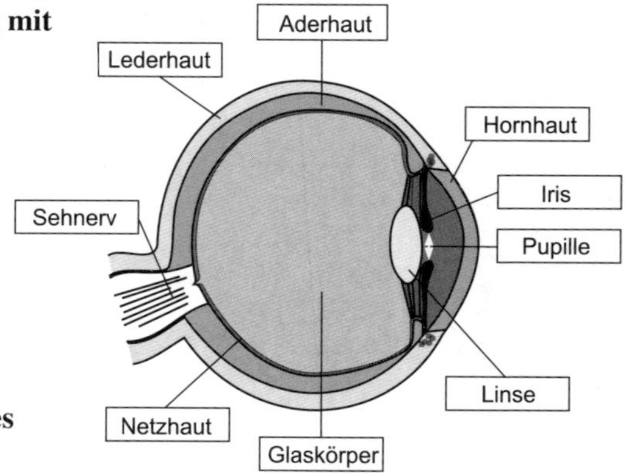

Die Netzhaut **enthält die Sehzellen. Auf ihr entsteht das Bild im Auge**.

Der Sehnerv **leitet die Informationen von den Sehzellen zum Gehirn weiter**.

3

	richtig	falsch
a) Wenn ein beobachteter Gegenstand sich vom Auge entfernt, muss sich die Augenlinse stärker krümmen, um weiterhin den Gegenstand scharf auf der Netzhaut abzubilden.	☐	☒
b) Wenn der beobachtete Gegenstand sich vom Auge entfernt, muss sich die Brennweite der Augenlinse vergrößern, um weiterhin den Gegenstand scharf auf der Netzhaut abzubilden.	☒	☐
c) Rückt ein Gegenstand über den Nahpunkt hinaus immer weiter zum Auge hin, entstünde erst hinter der Netzhaut ein scharfer Bildpunkt, sodass man in diesem Fall unscharf sieht.	☒	☐
d) Wenn Licht eine konvexe Linse durchlaufen hat, ist es konvergent.	☐	☒
e) Konkave Linsen verringern die Divergenz von Lichtbündeln.	☐	☒

Korrigierte Aussagen:

a) Die Linse muss sich weniger stark krümmen.

d) Wenn nicht allzu divergentes Licht eine konvexe Linse passiert, kann es nach Linsendurchgang konvergent sein.

e) Konkave Linsen erhöhen die Divergenz.

4 a)

	richtig	falsch
1. Bei Kurzsichtigkeit ist die Lichtbrechung im Auge zu stark. Man benötigt daher eine Brille mit konkaven Linsen.	☒	☐
2. Bei Kurzsichtigkeit befindet sich der Bildpunkt eines Gegenstands im Augeninnern zwischen Linse und Netzhaut.	☒	☐
3. Bei Weitsichtigkeit kann man weit entfernte Gegenstände scharf sehen.	☒	☐
4. Um Weitsichtigkeit zu korrigieren, bedarf es einer Brille mit Zerstreuungslinsen.	☐	☒
5. Die Brille eines Weitsichtigen kann man als Brennglas verwenden.	☒	☐
6. Man erkennt eine weitsichtige Person daran, dass ihre Augen hinter der Brille vergrößert erscheinen.	☒	☐
7. Mit zunehmendem Alter lässt das Krümmungsvermögen der Augenlinse bei fast allen Menschen nach, sodass man kurzsichtig wird.	☐	☒

		richtig	falsch
8.	Mit zunehmendem Alter kann ein kurzsichtiger Mensch einen Gegenstand völlig entspannt betrachten, auch wenn sich dieser in der Nähe des normalen Nahpunkts vor dem Auge befindet.	☒	☐

Korrigierte Aussagen:

4. Hierfür sind Sammellinsen notwendig.
7. Man wird weitsichtig.

b) Beim linken Bild handelt es sich um die Brille einer **kurz**-sichtigen Person, weil ihre Brillengläser aus Zerstreuungslinsen bestehen. Diese lenken das auf die Brillengläser auftreffende Licht nach außen ab. Das durch die Linsen gestreute Licht trifft zusätzlich zu dem an der Brille vorbeigehenden Licht auf die Wand auf. Daher ist außerhalb des normalen Brillengestellschattens ein hellerer Streifen zu sehen. Das auf diesen Streifen auftreffende Licht „fehlt" im eigentlichen Schattenbereich des Brillengestells, sodass dort ein dunkler Schatten sichtbar ist.

Die beiden Augen des Besitzers dieser Brille sind nicht genau gleich stark fehlsichtig. Das erkennt man daran, dass der rechte hellere Streifen größer ist; d. h. hier wird das Licht noch stärker zerstreut als bei der linken Linse.

Das rechte Bild zeigt die Brille einer **weit**-sichtigen Person, da die Sammellinsen der Brille das Licht bündeln, sodass in der Mitte hellere Flecken zu erkennen sind.

Die beiden Augen des Besitzers dieser zweiten Brille sind etwa gleich stark fehlsichtig. Das erkennt man daran, dass die hellen Flecken der beiden Gläser an der Wand ungefähr gleich groß und gleich hell sind.

Der dünne metallische Rahmen der Brille im rechten Bild wirft keinen breiten Schatten: Der Schatten kann nicht breiter sein als der des Bügels in der Mitte. Die breiten Ränder entstehen vielmehr dadurch, dass das Licht zur Mitte gebündelt wird und daher ein Teil davon weiter außen fehlt.

c) In der Teilaufgabe b wurde bereits erklärt, warum an der Wand Schatten entstehen. Diese betrachtet man nun durch eine Zerstreuungslinse. Zerstreuungslinsen erzeugen von nahen Gegenständen ein verkleinertes (virtuelles) Bild.

d) Brillen zur Korrektur von Kurzsichtigkeit enthalten Zerstreuungslinsen, die man nicht als Brennglas benutzen kann.

5 a) *Beschreibung:* In der Luft werden die die Lichtstrahlen durch die Sammellinse sehr stark gebrochen. Wenn die Linse sich im Wasser befindet, werden die Lichtstrahlen nur schwach gebrochen.

Erklärung: Entscheidend dafür, wie stark ein Luftstrahl beim Übergang von einem Medium in das andere gebrochen wird, ist der Unterschied zwischen den Brechzahlen. Weil sich die Brechzahlen von Wasser und Glas deutlich weniger unterscheiden als die von Luft und Glas, werden die Lichtstrahlen bei Übergang von Glas zu Wasser weniger stark gebrochen.

b) Das Licht wird durch die Augenlinse, wenn diese von Wasser umgeben ist, nicht mehr ausreichend stark gebrochen, sodass auf der Netzhaut kein scharfes Bild mehr entstehen kann. Man nennt dies auch Unterwasserweitsichtigkeit.

c) *Möglichkeit 1:* Die Kinder der Moken können ihre Augenlinse extrem stark krümmen.

Möglichkeit 2: Die Kinder der Moken können ihre Pupillen so stark verkleinern, dass ein scharfes Bild entsteht (siehe Aufgabe 1, „Das Lochauge").

d) Beim Tragen einer Tauchmaske befindet sich wieder Luft statt Wasser vor dem Auge.

e) Die gestrichelten Linien zeigen den Verlauf der Lichtstrahlen, der ohne Brechung entstehen würde. Durch die Brechung gelangt das Licht von Kopf und Schwanz des Fisches aber über die durchgezogen eingezeichneten Wege ins Auge. Hierbei liegt ein deutlich größerer Sehwinkel vor.

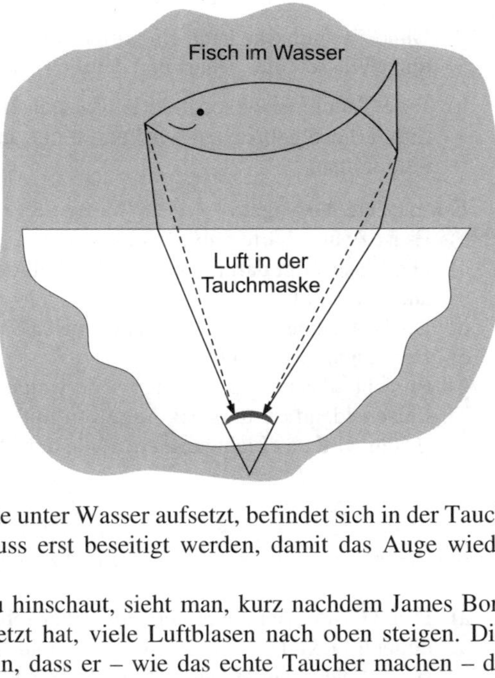

f) Wenn man die Tauchmaske unter Wasser aufsetzt, befindet sich in der Tauchmaske Wasser. Dieses muss erst beseitigt werden, damit das Auge wieder von Luft umgeben ist.
Wenn man im Film genau hinschaut, sieht man, kurz nachdem James Bond die Tauchermaske aufgesetzt hat, viele Luftblasen nach oben steigen. Dies könnte ein Indiz dafür sein, dass er – wie das echte Taucher machen – das Wasser durch kräftiges Ausatmen durch die Nase aus der Tauchmaske gedrückt hat.

6

		richtig	falsch
a)	Je kleiner das Loch beim Lochauge ist, desto heller und schärfer ist das Bild.	☐	☒
b)	Beim Lochauge ist das Bild auf der Netzhaut seitenverkehrt und steht auf dem Kopf.	☒	☐
c)	Die Linse sorgt dafür, dass das Bild auf der Netzhaut nicht auf dem Kopf steht.	☐	☒
d)	Wenn parallele Lichtstrahlen auf die Brillengläser eines weitsichtigen Menschen fallen, so laufen diese hinter der Brille auseinander.	☐	☒
e)	Kurzsichtige Menschen haben im Vergleich mit normalsichtigen einen verkürzten Augapfel.	☐	☒
f)	Kurzsichtige Menschen nehmen mit Brille alle Gegenstände etwas verkleinert wahr.	☒	☐
g)	Ohne Tauchmaske kann ein normalsichtiger Mensch unter Wasser alles scharf und deutlich erkennen.	☐	☒
h)	Eine Tauchmaske sorgt dafür, dass das Licht durch diese gebrochen wird und nicht durch die Augenlinse.	☐	☒

Korrigierte Aussagen:

a) Es ist zwar schärfer, aber auch dunkler.
c) Die Linse sorgt dafür, dass das Bild hell und scharf ist. Es steht nach wie vor auf dem Kopf.
d) Die Brille einer weitsichtigen Person hat Sammellinsen, die das Licht bündeln.
e) Der Augapfel ist länger.
g) Er sieht alles unscharf (Unterwasserweitsichtigkeit).
h) Entscheidend ist, dass das Auge von Luft statt von Wasser umgeben ist. (Dann wird das Licht zusätzlich von der Maske gebrochen.)

Total reflektiertes Licht in Natur und Technik

1 a) Eine Glasfaserlampe besteht aus lauter sehr dünnen Plexiglasstäbchen (die nicht hohl sind!). Diese werden am unteren Ende beleuchtet. Weil das Licht sehr flach auf die Grenzfläche Plexiglas–Luft trifft (d. h. der Einfallswinkel zwischen Lot und Lichtstrahl ist groß), wird es am optisch dünneren Medium

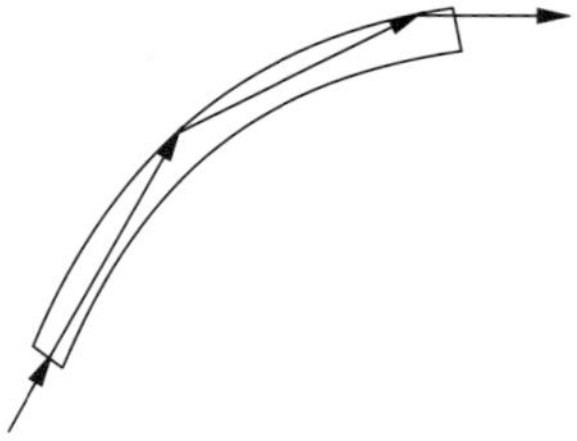

total reflektiert und tritt nicht aus der Glasfaser heraus. Erst am anderen Ende trifft es mit einem kleinen Einfallswinkel (d. h. fast senkrecht) auf die Grenzfläche und kann die Glasfaser verlassen.

b) **Einsatzgebiete:** In der Medizin werden Endoskope genutzt, um Körperhöhlen oder Hohlorgane wie z. B. Luftröhre, Nase, Magen oder Darm von innen zu betrachten. Das Endoskop wird aber nicht nur zur Diagnose eigesetzt, sondern auch zur Therapie. Dazu werden kleine Gerätschaften (Laser, Zange, …) über den flexiblen Schlauch mit eingeführt.

Funktionsweise: Ein Endoskop besteht im Wesentlichen aus drei Elementen: einer Lichtquelle, einer optischen Kamera und einem Glasfaserkabel. Die Lichtquelle und die Kamera befinden sich beide am gleichen Ende des Glasfaserkabels. Da das ausgesandte Licht im Glasfaserkabel total reflektiert wird (siehe Teilaufgabe 1 a), wird es bis zu dem gewünschten Ort weitergeleitet. Dort wird der zu untersuchende Hohlraum mit dem Licht ausgeleuchtet. Das an den Wänden gestreute Licht tritt wieder in das Glasfaserkabel ein und wird zur Kamera zurückgeleitet.

2 a) Aus dem Diagramm liest man ab, dass der Grenzwinkel der Totalreflexion bei knapp 25° liegt, d. h.: Für Winkel größer als 25° werden Strahlen innerhalb des Brillanten an den Wänden total reflektiert.

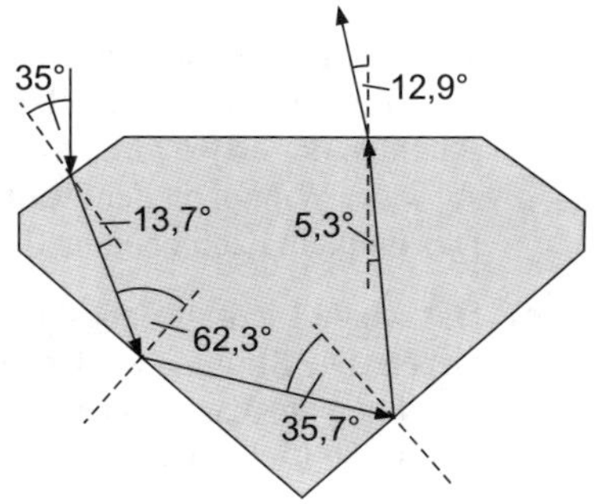

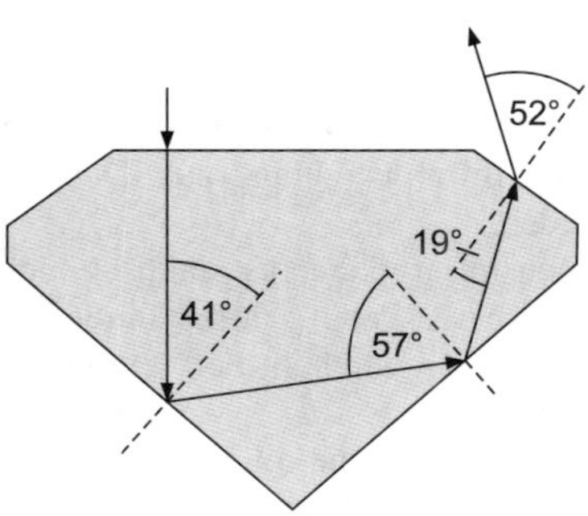

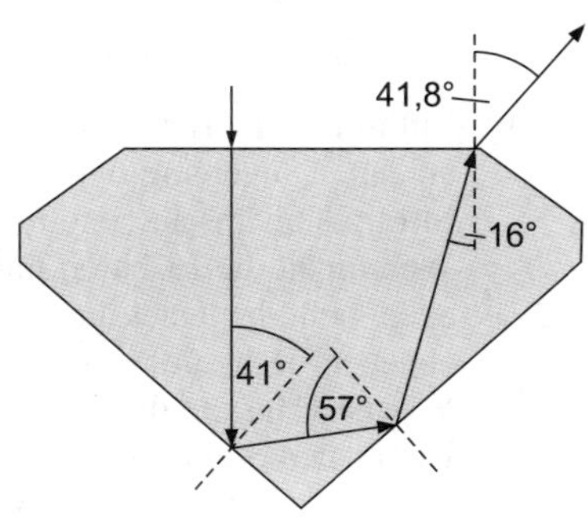

b)

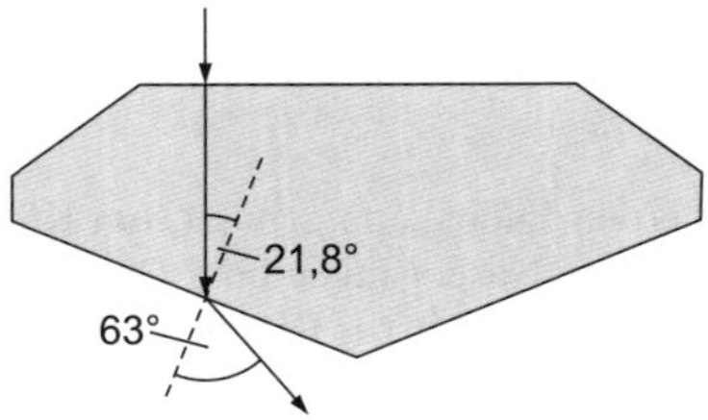

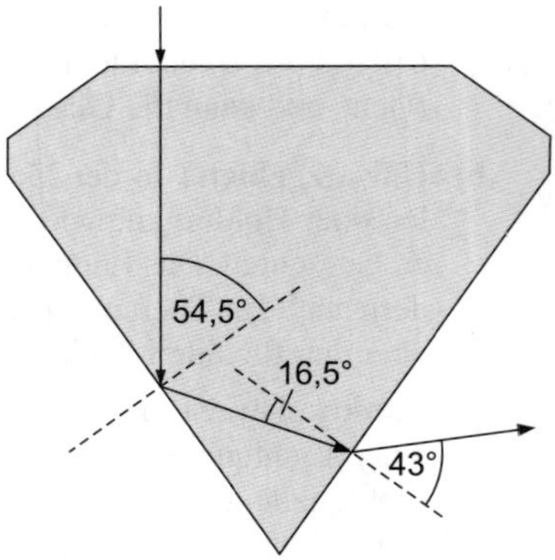

c) Durch die hohe Brechzahl werden die Lichtstrahlen innerhalb des Brillanten bereits immer dann total reflektiert, wenn sie mit einem Einfallswinkel von $\alpha > 25°$ auf die Grenzfläche Diamant–Luft treffen. Der **richtige Schliff** sorgt dafür, dass der Winkel von 25° sehr häufig nicht unterschritten wird, sodass praktisch das ganze von oben eintretende Licht wieder zur Oberfläche zurückgespiegelt wird und dort aus dem Brillanten austritt.
Ist der untere Teil des Brillanten **zu flach geschliffen**, tritt ein Teil des Lichts schon an der ersten Grenzfläche im Brillanten aus, ist er **zu spitz geschliffen**, so ist der Winkel an der zweiten Grenzfläche zu klein für eine Totalreflexion: Das Funkeln nach oben ist dann in beiden Fällen schwächer.

d) Das weiße Licht, welches auf den Brillanten trifft, besteht aus allen Spektralfarben. Die Strahlen zu den verschiedenen Farben werden (genau wie bei der Brechung an Wasser oder Glas) leicht unterschiedlich stark gebrochen, sodass das weiße Licht genau wie beim Regenbogen in Farben aufgefächert wird.

3 a) Im Schnee ist das weiße Fell eine ideale Tarnung.

b) Infrarotstrahlung ist (ein Teil der) Wärmestrahlung, d. h. Körper, die Wärme an ihre Umgebung abgeben, senden Infrarotstrahlung aus. Diese kann mit Infrarotkameras aufgenommen werden.
Wenn man die Eisbären mithilfe von Infrarotkameras praktisch nicht entdecken kann, bedeutet dies, dass die Eisbären kaum Wärme an die Umgebung abgeben. D. h. die warmen Eisbären werden durch ihr Fell sehr gut vor einem Wärmeverlust an die Umgebung geschützt.
Die blauen Stellen zeigen sehr kalte Bereiche, die roten und orangenen relativ warme Bereiche (z. B. wird beim Arm des Pflegers eine Wärmestrahlung registriert, die einer Temperatur von ca. 36 °C entspricht). Man kann erkennen, dass besonders die Augen und der Bereich um die Nase relativ ungeschützt sind und der Eisbär dort viel Wärme abgibt.

c)

Zeit		Temperatur	
im Video t_{Video} in s	nach Anschalten der Lampe t in s	schwarze Dose $T_{schwarz}$ in °C	weiße Dose $T_{weiß}$ in °C
4	0	23,5	23,5
9	5	23,9	23,6
14	10	24,3	23,9
19	15	24,8	24,3
24	20	25,3	25,2
29	25	25,8	26,5
34	30	26,5	28,8
39	35	26,9	30,6
44	40	27,6	32,6
49	45	28,0	34,0
54	50	28,6	35,7
59	55	29,2	37,4
01:04	60	29,9	38,9
01:09	65	30,4	40,4

t-T-Diagramm:

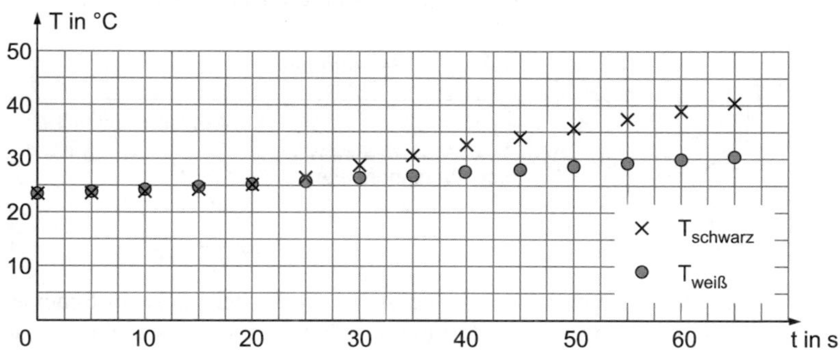

d) *Beobachtung:*

	schwarze Pappe	weiße Pappe	Glasplatte	Spiegel	transparentes Papier
Gesicht	dunkel	hell	dunkel	dunkel	hell
Decke	dunkel	hell	heller, klar abgegrenzter Bereich	heller, klar abgegrenzter Bereich	hell
Bauch	dunkel	dunkel	hell	dunkel	hell

Ergebnis:
Glatte Oberflächen reflektieren das Licht geordnet.
Raue Oberflächen reflektieren das Licht ungeordnet (Streuung).
Schwarze Oberflächen verschlucken das Licht (Absorption).

Begründung:
Die schwarze Dose absorbiert das gesamte Licht und wandelt die Energie in Wärme um. Die weiße Dose reflektiert/streut das meiste Licht und absorbiert nur wenig, wodurch sie sich nur langsam erwärmt.

e) **Theorie 1:** Unterschied hohle Haare und Glasfasern
Glasfasern sind nicht hohl. Das Licht, das in eine Glasfaser eintritt, wird vollständig durch Totalreflexion weitergeleitet. In den hohlen Haaren des Eisbären würde eintretendes Licht durch Reflexion wie an einer Spiegeloberfläche reflektiert werden.

Theorie 2: Möglicher Versuch
Eine schwarze Dose wird mit transparenter Folie eingewickelt, eine andere mit schwarzer Folie. Beide Dosen werden wie in Teilaufgabe c beleuchtet und der Temperaturanstieg verfolgt.

4 a) Bei wenigen Regentropfen trifft der Lichtstrahl nur selten auf eine Stelle, an der sich an der Außenseite ein Tropfen befindet. Da jeder „getroffene" Regentropfen ein wenig Licht aus der Scheibe austreten lässt, nimmt bei steigender Tropfenzahl die Menge des reflektierten Lichts (Intensität) ab.

b)

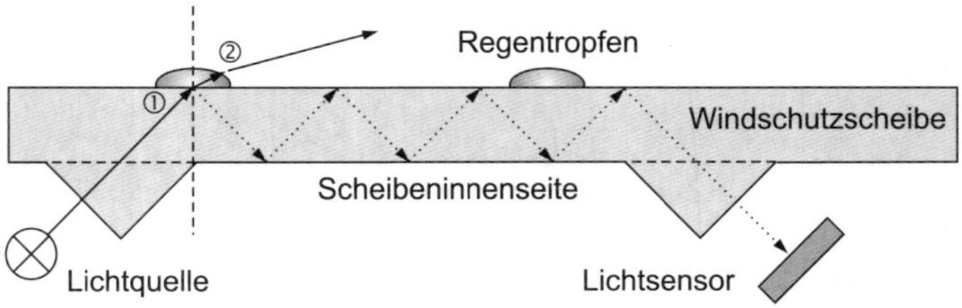

Fällt ein Regentropfen auf eine Stelle, an der bei trockener Scheibe Totalreflexion stattfindet, kann dort ein merklicher Anteil des Lichts aus der Scheibe austreten, da die Brechungsindizes von Glas und Wasser dies erlauben (siehe ① und ②).
Dadurch, dass deutlich weniger Licht in der Scheibe reflektiert wird, registriert der Lichtsensor eine Abschwächung und kann darauf eine Reaktion des Scheibenwischers einleiten.

c)

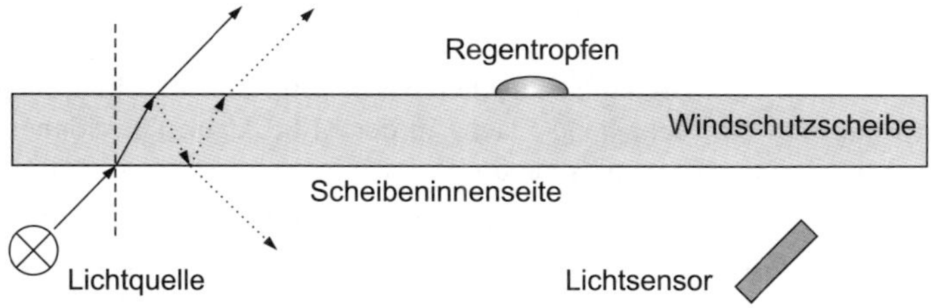

Ohne den ersten Aufsatz würde das Licht beim Übergang von Luft in Glas gebrochen werden. Hierdurch trifft es nur mit einem deutlich kleineren Winkel auf die Grenzfläche Glas–Luft, als er für das Auftreffen der Totalreflexion nötig ist. Daher wird nur ein ganz kleiner Teil im Inneren reflektiert, während fast alles Licht gleich wieder auf der anderen Seite der Scheibe austritt. Der kleine reflektierte Rest des Lichts erfährt auf der Unterseite der Scheibe Ähnliches usw. Somit wird praktisch kein Licht mehr zum Lichtsensor weitergeleitet.

5 a) Das von den Körpern der Menschen ausgehende Licht wird an der Unterseite der Wasseroberfläche total reflektiert. Weil die Oberfläche nicht glatt ist, sondern kleine Wellen aufweist, entsteht ein verzerrtes Spiegelbild.

b) Beim Übergang des Lichts von Luft in Wasser gilt: Für alle Einfallswinkel zwischen 0° und 90°, d. h. für alle Lichtstrahlen, die in das Wasser eindringen, ergeben sich – nach Maßgabe des Brechungsindex von Wasser – nie Brechungswinkel, die größer sind als etwa 49°. Sieht man als Taucher also unter einem Erhebungswinkel kleiner als etwa 41° (= 90° – 49°), kann kein Licht von außen an seine Augen gelangen: es erscheint für den Taucher dort Dunkelheit.
Aufgrund der Symmetrie in alle Richtungen ergibt sich eine helle kreisförmige Fläche, unter der eindringendes Licht unter Wasser wahrgenommen werden kann.

6

1								E	N	D	O	S	K	O	P	
2						B	R	I	L	L	A	N	T			
3			R	E	G	E	N	S	E	N	S	O	R			
4								B	R	E	C	H	U	N	G	
5	G	R	E	N	Z	F	L	Ä	C	H	E					
6			T	O	T	A	L	R	E	F	L	E	X	I	O	N

Optische Geräte

1 a) Der Schatten vom Brennglas auf dem Tisch zeigt einen breiten, recht dunklen Rand und eine sehr helle Fläche in der Mitte, d. h.: Die Sonnenstrahlen werden durch das Brennglas gebündelt, also muss es eine Sammellinse sein.

Der Schatten vom Brennglas ist fast vollständig dunkel, d. h.: Das Licht, das durch das Brennglas fällt, muss irgendwo aufgehalten werden. Das Streichholz ist der einzige Gegenstand, auf den das Licht hinter dem Brennglas fallen kann.

Zu dem sich bewegenden „Etwas" kommt es, weil das Sonnenlicht, das oberhalb der Kerzenflamme verläuft, aufgrund der dort heißen Luft unterschiedlich stark gebrochen wird, sodass Schlieren zu sehen sind.

b) *Erklärung:* Die „Sammellinse" ist innen hohl und mit Luft gefüllt.

Begründung: Vereinfachend kann man die Glashülle der Linse vernachlässigen, da sie relativ dünn ist und damit, wie jede dünne planparallele Platte, praktisch keine Brechungseffekte hervorruft. Die Lichtstrahlen werden nach außen gebrochen, weil

- sie beim Übergang Wasser–Luft ① vom Lot weg gebrochen werden,
- sie beim Übergang Luft–Wasser ② zum Lot hin gebrochen werden.

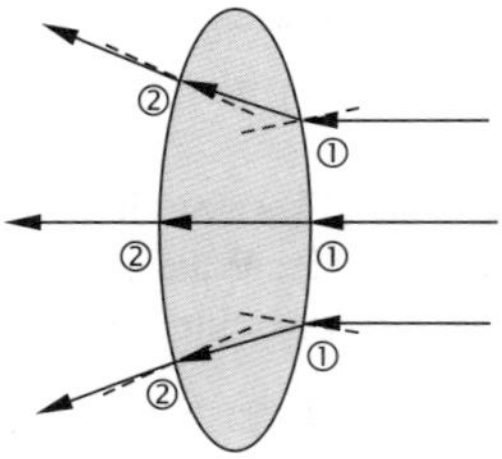

2 a) Die Abbildung rechts zeigt die prinzipielle Funktionsweise eines Mikroskops. Es besteht aus mindestens zwei Linsen: Oben befindet sich das **Okular**, unten das **Objektiv**. Das Objektiv erzeugt von einem Gegenstand, der sich in der Nähe des Brennpunkts befindet, ein **umgekehrtes**, vergrößertes und **reelles Zwischenbild**. Dieses wird durch eine zweite Linse wie durch eine **Lupe** betrachtet. Auf der **Netzhaut** entsteht ein stark **vergrößertes** Bild, das gegenüber dem Sehen mit bloßem Auge umgekehrt ist. Der Sehwinkel wird durch das Mikroskop stark **vergrößert**; er beträgt in der Skizze mit Mikroskop **17,5**°, mit bloßem Auge wäre er nur **1**° groß.
Der Gegenstand muss sich zwischen der einfachen und der doppelten Brennweite des Objektivs befinden, damit man ein vergrößertes Zwischenbild erhält. Damit das Mikroskop nicht zu lang und der Abbildungsmaßstab möglichst groß wird, benutzt man Objektive mit sehr **kleinen** Brennweiten.

b) **Gemeinsamkeiten**
Sowohl das Kepler-Fernrohr als auch das Mikroskop bestehen jeweils aus einer Kombination von zwei Sammellinsen (Objektiv und Okular).

Das Objektiv dient zur Erzeugung eines reellen Zwischenbilds, welches mit dem Okular als Lupe betrachtet wird. Beide Geräte haben das gleiche Ziel: Es soll ein möglichst großes Bild auf der Netzhaut entstehen.

Unterschiede
Mit dem Fernrohr werden weit entfernte (meist große) Gegenstände beobachtet, mit dem Mikroskop sehr kleine Gegenstand in kleiner Entfernung.
Um mit dem Fernrohr ein relativ großes Zwischenbild zu erzielen, muss man ein Objektiv möglichst großer Brennweite verwenden. Das reelle Zwischenbild entsteht vom „unendlich" weit entfernten Gegenstand in der Brennebene des Objektivs. Um ein möglichst großes Zwischenbild beim Mikroskop zu erreichen, braucht man kein langbrennweitiges Objektiv. Es genügt bereits, wenn man für das Objekt eine Gegenstandsweite wählt, die nur geringfügig größer als die Objektivbrennweite ist. Die nicht sehr große Objektivbrennweite beim Mikroskop (im Vergleich zum Fernrohr) bedingt die geringere Baulänge des Mikroskops.

3 a) Ein Prismenfernglas ist ein Kepler-Fernrohr mit integrierten Umkehrprismen. Betrachten wir zunächst den Strahlengang ohne diese Prismen: Das Kepler-Fernrohr erzeugt ein reales, vertauschtes (= oben-unten- und links-rechts-vertauschtes) Zwischenbild. Sein Okular dient als Lupe, sodass man mit dem Auge ein vergrößertes, aber dem Zwischenbild gleichorientiertes virtuelles(!) Bild sieht, das also gegenüber dem Originalgegenstand vertauscht ist.
Projiziert man hingegen hinter dem Okular ein reales(!) Bild auf einem dort befindlichen Schirm, indem man das Okular geringfügig vom Zwischenbild entfernt, so ist dieses Bild gegenüber dem Zwischenbild wieder vertauscht. Also: Der obere-rechte (= obere-westliche) „Rand" der Sonne erscheint auf einem transparenten Schirm wieder oben-rechts, wenn man von hinten(!) auf diesen Schirm schaut – also oben-westlich, wobei „westlich" gleicherweise richtig ist, egal ob man von vorne oder von hinten auf den Transparentschirm blickt. Für alle anderen Richtungen gilt Entsprechendes.
Und nun zur Wirkung der beiden Umkehrprismen: Die Umkehrprismen vertauschen einfach oben-unten und links-rechts. Mit den Umkehrprismen erhält man also ein reales Bild auf dem Schirm, bei dem der obere-westliche Sonnenrand unten-östlich erscheint. Da auch beim Herumgehen um den Transparentschirm östlich eben östlich bleibt, folgt: Der rechte Rand der realen Sonne am Himmel erscheint auf Bild 2 rechts am Sonnenbild auf der Pappe, der obere Rand der realen Sonne unten am Sonnenbild.

b) Weil die Sonne am Himmel von Osten nach Westen – also für den Beobachter auf der Nordhalbkugel nach rechts – wandert, wandert das Bild der Sonne auf der Pappe in Richtung Osten; wir auf der Nordhalbkugel sehen die Sonne also auf der Pappe (von vorne betrachtet) nach rechts verschwinden.

4

Auge	Fotoapparat	Funktion
Lederhaut	Gehäuse	**Schutz**
Aderhaut	**gibt es nicht**	**Versorgung**
Hornhaut	**gibt es in der Regel nicht, manchmal Filter**	**Schutz**
Pupille	**Loch**	lässt Licht ins Auge/in Kamera
Iris	Blende	**vergrößert/verkleinert die Pupille je nach Lichtstärke**
Linse	Objektiv	**erzeugt scharfes Bild**
Glaskörper	**Gehäuse**	**Raum**
Netzhaut	Film/Computerchip	**„Bildschirm"**
130 Millionen Sehzellen	**Digitalkamera: 3–15 Millionen einzelne Sensoren auf dem Computerchip**	**nehmen Informationen auf**

5 a) Gegenstände, die sich in sehr großem Abstand vom Fotografen befinden, werden scharf abgebildet, wenn die Linse sich in der Entfernung **f** von der Filmebene befindet. Dies folgt aus der Linsengleichung, weil sich für sehr großes **g** ergibt: $\frac{1}{g} \approx 0$ und damit $\mathbf{f} \approx \mathbf{b}$. Verschiebt man die Objektivlinse ein wenig nach vorn, dann kann man Gegenstände abbilden, die sich **näher** am Fotoapparat befinden.

b) Da ein unendlich weit entfernter Gegenstand (Licht kommt parallel zur optischen Achse an) dann scharf abgebildet wird, wenn die Bildweite b_∞ praktisch gleich der Brennweite f ist, ergibt sich $f = b_\infty = 3{,}5$ cm. Um Gegenstände in endlicher Entfernung von der Linse scharf abzubilden, muss die Bildweite b größer als b_∞ sein, darf aber nach Konstruktionsvorschrift $b_{max} = 4{,}0$ cm nicht überschreiten. Mit der Linsengleichung $\frac{1}{f} = \frac{1}{g} + \frac{1}{b}$ ergibt sich für g_{min}:

$$\frac{1}{g_{min}} = \frac{1}{f} - \frac{1}{b_{max}} \quad \Leftrightarrow \quad g_{min} = \frac{f \cdot b_{max}}{b_{max} - f} = \frac{3{,}5\,\text{cm} \cdot 4{,}0\,\text{cm}}{4{,}0\,\text{cm} - 3{,}5\,\text{cm}} = \underline{\underline{28\,\text{cm}}}$$

c) **Aktive Methode:** Mit einem Infrarotstrahl wird der Abstand zwischen der Kamera und dem Motiv gemessen und dementsprechend die Schärfe eingestellt (Vorteil: Dies funktioniert auch in der Dämmerung, Nachteil: Beim Fotografieren durch Glasscheiben wird oft auf diese scharfgestellt.)

Passive Methode: Man geht davon aus, dass ein scharfes Motiv höhere Kontraste aufweist als ein unscharfes. Es wird so lange fokussiert, bis das Motiv in der Bildmitte den größten Kontrast aufweist. (Vorteile und Nachteile sind hier genau umgekehrt zur aktiven Methode).

6

1	B	R	E	N	N	G	L	A	S		
2	O	B	J	E	K	T	I	V			
3				F	E	R	N	R	O	H	R
4		M	I	K	R	O	S	K	O	P	
5			K	E	P	L	E	R			

Farben – unsere bunte Welt aus Sicht der Physik

1 a)

Farbgemisch	Grundfarben
Cyan	Grün und Blau
Gelb	Grün und Rot
Magenta	Rot und Blau
Weiß	Rot und Grün und Blau

b) **Farbkreis:** Die Farbe des gemischten Lichts liegt in der Mitte (halber Mittelpunktswinkel) zwischen den beiden Ausgangsfarben.

Farbdreieck: Die gesuchte Farbe liegt auf der Mitte der Verbindungslinie zwischen den beiden Ausgangsfarben.

c) Die Verbindungslinie muss in Verhältnis der Intensitäten geteilt werden: Wenn Rot doppelt so intensiv wie Grün sein soll, muss die Strecke ungefähr im Verhältnis 2 : 1 geteilt werden, sodass man von Grün doppelt weit entfernt ist wie von Rot. Hieraus ergibt sich **Orange**.

d) Im Farbkreis bzw. Farbdreieck sind alle Farben (außer Rot, Grün und Blau) Mischfarben, die aus einer entsprechenden Kombination der drei Grundfarben entstehen. Die Spektralfarben entstehen bei der Zerlegung von weißem (Sonnen-)Licht und sind nicht in weitere Farben zerlegbar.

2 a) Durch den Cyan-Filter wird Rot herausgefiltert. Rot und Cyan liegen sich im Farbkreis (und im Farbdreieck) genau gegenüber.

b) Die Komplementärfarbe von Gelb ist Blau (also filtert ein gelber Filter blaues Licht heraus).
Die Komplementärfarbe von Magenta ist Grün (also filtert ein magentafarbener Filter grünes Licht heraus).

Gelb-Filter:

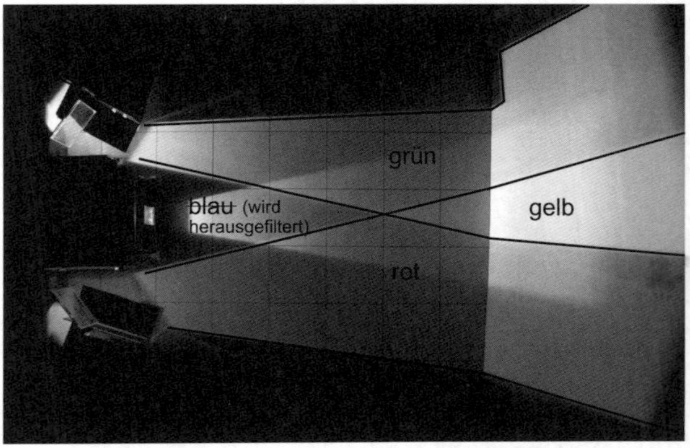

Magenta-Filter:

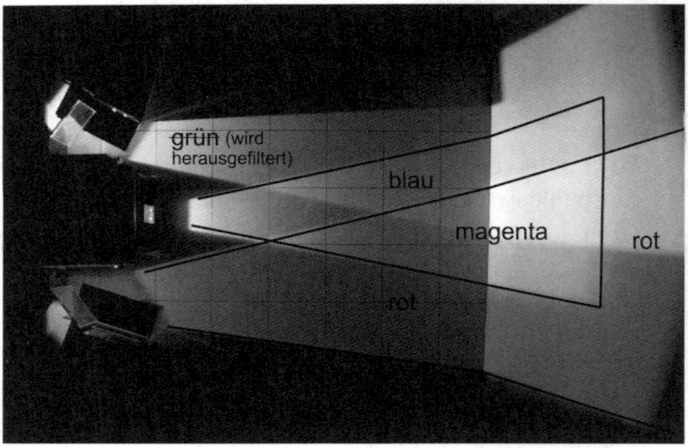

c) Durch den gelben Filter gelangt kein blaues Licht, also nur rotes und grünes Licht. Durch den cyanfarbenen Filter gelangt kein rotes Licht, also kommt durch beide Filter zusammen nur grünes Licht: Man würde nur den Bereich der oberen Bildhälfte sehen, der von der grünen Lampe ausgeleuchtet wird.

3 a)
- Es handelt sich um **subtraktive** Farbmischung.
- **Absorbiertes Licht:**
  Gelbe Farbpartikel absorbieren blaues Licht.
  Cyanfarbene Farbpartikel absorbieren rotes Licht.
  Magentafarbene Farbpartikel absorbieren grünes Licht.
- Um **Orange** zu erzeugen, muss viel rotes Licht und etwas grünes Licht reflektiert werden (siehe Aufgabe 1 c), d. h.: Das blaue Licht muss vollständig absorbiert werden und das grüne zum Teil. Also muss viel gelbe Tinte zur Absorption von Blau und etwas magentafarbene Tinte zur Absorption von Grün auf das Papier gespritzt werden.

b) Aus einer **ausreichend großen Entfernung** liegen die auf der Netzhaut abgebildeten Punkte so eng beieinander, dass sie nicht mehr einzeln wahrgenommen werden. Dadurch entsteht ein Farbeindruck, der der additiven Mischung mehrerer nebeneinanderliegender Farben entspricht.

c) Das Bild rechts zeigt exemplarisch die Vergrößerung aus einer Lochmaske bei einer weißen Fläche. Innerhalb einer waagerechten Dreiergruppe folgen von links nach rechts jeweils die Farben Blau, Rot und Grün. Bei anderen Farbflächen sind die einzelnen Pixel in unterschiedlicher Helligkeit zu erkennen.

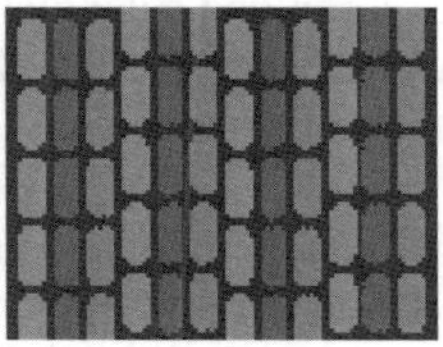

d)

Auftreffendes Licht	Gegenstand	Farbeindruck
Rot, Grün und Blau	weißes Blatt Papier	**Weiß**
Rot und Grün	weißes Blatt Papier	**Gelb**
Grün und Blau	weißes Blatt Papier	**Cyan**
Rot, Grün und Blau	(rote) Möhre	**Rot**
Blau	(rote) Möhre	**Schwarz**
Rot und Grün	(rote) Möhre	**Rot**
Rot und Blau	(grüner) Apfel	**Schwarz**
Grün	(grüner) Apfel	**Grün**
Rot, Grün und Blau	(grüner) Apfel	**Grün**
Rot und Blau	(gelbe) Banane	**Rot**
Rot und Grün	(gelbe) Banane	**Gelb**
Grün und blau	(gelbe) Banane	**Grün**

4 Das Farbspektrum entspricht dem, das auch in der Farbtafel des Aufgabenheftes abgebildet ist: Rot – Orange – Gelb – Grün – Türkis – Blau – Violett.
Es stimmt mit den Farben des Regenbogens überein.

5 a) –

b) **Verlauf der Kurve:** Im roten, grünen und blauen Bereich muss der Spalt relativ breit sein, d. h. in diesen Bereichen ist die Kurve relativ hoch. Dazwischen kann man die Farben schon bei recht schmalen Spalten unterscheiden, d. h. dort liegen Täler bei der Kurve vor.

Existenz der drei Farbempfänger: Beim Übergang von Rot zu Grün bzw. Grün zu Blau kann (ein nicht fehlsichtiger Mensch) die Farben sehr exakt unterscheiden: So lässt z. B. im gelben Bereich ein wenig mehr Grün den Grünempfänger schnell intensiver reagieren und etwas weniger Rot den Rotempfänger deutlich weniger reagieren. Dies deutet darauf hin, dass der Mensch verschiedene „Sensoren" zur Wahrnehmung genau dieser Farben hat.

Kein Tal zwischen Grün und Blau: Dies deutet darauf hin, dass die Probanden Grün und Blau nicht sicher unterscheiden können, d. h. dass wahrscheinlich einer der Farbempfänger ggf. nur eingeschränkt funktioniert. Dies muss der blaue sein, da sonst auch kein Tal zwischen rot und grün vorhanden wäre.

6 Beim **langsamen** Drehen kann das Auge die Bilder noch getrennt wahrnehmen. Beim **schnellen** Drehen verschmelzen die Bilder auf der Netzhaut zu einem Bild. Dadurch werden die Sehzellen vom roten, grünen und blauen bzw. roten und grünen Licht gleichzeitig angeregt, sodass in der Addition weißes bzw. gelbes Licht wahrgenommen wird.